让孩子像物理学霸一样思考.

刘威

物理超简单

刘威 霍林章 著

天津出版传媒集团

天津科学技术出版社

图书在版编目（CIP）数据

物理超简单 / 刘威 , 霍林章著 . -- 天津 : 天津科
学技术出版社 , 2024.4
ISBN 978-7-5742-1686-0

Ⅰ . ①物… Ⅱ . ①刘… ②霍… Ⅲ . ①物理学—普及
读物 Ⅳ . ① O4-49

中国国家版本馆 CIP 数据核字（2023）第 229568 号

物理超简单
WULI CHAO JIANDAN
责任编辑：石　崑
责任印制：王品乾

出　　版：天津出版传媒集团
　　　　　天津科学技术出版社

地　　址：天津市西康路 35 号
邮　　编：300051
电　　话：（022）23332397
网　　址：www.tjkjcbs.com.cn
发　　行：新华书店经销
印　　刷：三河市中晟雅豪印务有限公司

开本 880×1230　1/32　印张 8.5　字数 169 000
2024年4月第1版第1次印刷
定价：59.80元

序言

　　欢迎来到《物理超简单》的奇妙世界！来一次穿梭于物理学奥秘的冒险之旅。

　　在当今科技日新月异的时代，物理学作为自然科学的基石，对于我们理解周围的世界至关重要。然而，物理学的复杂性和抽象性往往让许多人望而却步。因此，我们决定编写这本书，期待让物理不再是大家头疼的噩梦，而是茶余饭后的新欢！

　　我们一直深信，物理学就在每个人的生活中，只要你愿意发现，它就无处不在。

　　比如，为什么冬天摸门把手时常常会被"咔嚓"一下？为什么苹果会向地面掉而不是飞向天空？脱衣服时头发为什么会"站"起来？电是如何从一端的插座"跑"到另一端的灯泡的？这些日常生活中的小插曲，其实都是物理学的俏皮表达。

　　翻开这本书，你就会发现，物理不是枯燥的公式和理论，而是充满乐趣的探索，且充盈着趣味横生、简单易懂的故事和实验。

我们会一起跳入物质的多变世界，探索运动的奥秘，甚至会触碰到声、光、电磁的边界。更激动人心的部分是，我们将一起初探相对论和量子力学的奥秘，甚至会对宇宙进行一番探索。

此外，书中还包括了一些历史背景，帮助读者理解这些物理概念是如何发展的，以及它们是如何影响当今世界的。

这本书就像一本神奇的宝典，不仅是物理知识的宝库，更是惊喜和乐趣的源泉。

或者说，它不仅仅是一本教科书或者科普书，更是一把开启你对科学世界好奇心的钥匙。

无论你是对科学充满好奇的初学者，还是想要进一步深化理解的科学爱好者，《物理超简单》都将成为你探索自然奥秘的最佳伙伴，都会是你理解这个奇妙世界的完美指南。

对于初学者来说，这本书将是一个理想的起点，帮助你建立起对物理学基本概念的理解。对于那些已经有一定科学基础的读者，这本书则提供了一个重新审视和深化理解的机会。

那么，你准备好了吗？让我们一起打开这本神奇的书，开启一段探索物理之美的旅程吧！

在这个旅程中，你将发现物理不仅是学科知识，更是一种发现世界之美的方式。

祝你在阅读《物理超简单》的旅程中，既获得知识又享受乐趣！

目录

第一章

多变的
物质

第二章

运动的
奥妙

第三章

声光和
电磁

第四章

神奇的
能量

第五章　有趣的实验

第六章　神秘的宇宙

抖音号：beidaliuwei
扫一扫，和刘威老师一起
探索有趣的物理世界

第 一 章

多变的物质

生活中的质量常识

　　说到质量，就必须提到牛顿。没错，就是根据苹果竖直落地，进而想到提出万有引力的那个牛顿。最早，在牛顿研究出惯性和万有引力之前，质量就相当于重量。但在牛顿力学的大厦建立之后，人们开始认识到，质量和重量不是一回事。质量是与物体的惯性相关的，没有质量根本谈不上惯性。质量越大，惯性就越大。而重量与引力相关，没有引力也谈不上重量。

　　比如，大货车在路上跑起来之后，不容易刹车，就是因为大货车质量太大，导致了惯性大。所以大货车在高速路上行驶时，一定要限速，否则会由于不容易停下来而发生事故。

　　后面，又有了引力的概念，人们发现，质量越大的物体，对其他物体产生的引力也越大。比如太阳，质量非常大，把这一圈的行星都吸引来围着它转；黑洞，质量极其大，能把连光在内的东西都给吸进去。

爱因斯坦的研究，把引力看成空间的弯曲，也就是说，质量越大，空间越弯曲、空间的挤压程度越大。在他看来，那些有质量的东西，比如，天上的行星、恒星，都属于空间的一部分，都是空间挤压的结果，仅此而已，没有其他东西了。

你可以想象一下，地球绕着太阳转，是因为太阳质量大，所以，太阳周围的时空都是弯的。我们看起来好像在绕圈，其实，地球在弯曲的时空里走的是测地线。它没有受到引力，毕竟，引力是质量导致时空弯曲的宏观表现，不是真实的力度。

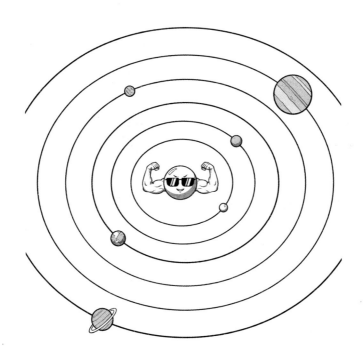

从时空弯曲的维度来说，地球在四维时空里，走的是一条直线；在三维空间的投影，是一条曲线。

到了量子力学，它的解释和相对论又有些许不同，量子力学对质量的解释更为深入。它认为质量是一种能量，是非常微小的粒子之间的势能，这个势能最终表现出了质量。它就是一种能量、一种势能，通过一系列公式，证明质量就是势能。

聊完简单的质量常识，为了帮助大家更好地理解这个概念，我为大家准备了两个有意思的问题，咱们一起来看看吧。

一吨棉花和一吨铁块，哪个更重？

听到这个问题，有很多小朋友会第一时间回答，当然是铁更重了，因为铁块给人的感觉总是又硬又重的。等我们开始接触了物理就会知道，如果都是一吨，应该是一样重的！

但是，如果我们学习了物理，知道了很多物质知识，对这个问题就会又有不一样的思考。为什么呢？

为了更好地论证这个问题，咱们极端一点去思考，一吨铁和一吨空气，哪个更重？

质量相同的情况下，你的感受一定是铁块重，因为空气的重量你感受不到，也难以称量出来——一个秤放在空气中，上面压了很多的空气，但是这个秤是不会有任何反应的。如果你把空气换成氢气，氢气不只不重，还往天上飞，这就和浮力关联上了。这种情况下，你肯定就知道了，是铁块更重，因为棉

花会受浮力，会被空气托着。

　　那肯定有人会好奇，是不是放到太空中，它们就一样重了？真实情况是，在太空中，你感受不到它们的重量。而且在太空中你很难推动它，使它加速。这时，它们体现的是惯性质量。所以引申出了一个问题，有引力才有重量，没有引力就没有重量。

　　另外，一吨铁块和一吨棉花，在地球上不一样重，在月球上却是一样重的。换成在金星上，铁块也会更重，因为金星的空气密度极大，棉花受到向上托举的浮力会比铁块受到的浮力更大。

　　如果在地球上称得一吨铁块和一吨棉花，因为棉花受到了更大的浮力，为了使棉花和铁块一样重，就得多加一些棉花来压秤，那么，最终肯定是棉花更多一些（质量更大一些）。

这就会导致，你在秤上称一吨棉花，而它的真实质量大于你称得的质量。你称得 1 吨，它的实际质量也许是 1.05 吨。所以，如果你是一个农户，想要卖棉花的话，你一定要把棉花压紧。因为压紧少吃亏，你测得的质量，才更接近真实质量。

说到这儿，我想到了一首打油诗：

小时候，我们想当然地认为，当然是铁更重了！因为，铁块总是又硬又重的。

长大后，我们才意识到，原来它们一样重！因为，数学告诉我们：一吨等于一吨。

后来呀，我们的认知提升了：原来是铁更重！因为，它们受到的空气浮力不相同。

而现在，我们学会了，善于思考，敢于质疑！因为，成长和进步就是从这里开始的。

10 列火车，每列火车 20 节车厢，如果全部装满食盐，够全国人民吃多久？

这个问题让我想到了刘慈欣在《超新星纪元》里面的一段描述：

面对即将到来的只有孩子的世界，总理带着未来的孩子接班人让他们感受一下国家的规模。在一个很长的弧形铁轨上，排满了许多列火车，总理让随行的孩子们去看看车厢里装的都是什么。

孩子们转了半天，查看完了全部的火车，发现里面装满了味精和食盐，感慨这是全国味精和盐的库存量。

总理说：这里共有 11 列火车，每列车有 20 节车厢。你们估算一下，这些够全国人民吃多久？孩子们说 1 年？总理摇头。5 年？10 年？都不对。

答案是 1 天。孩子们目瞪口呆……

听到这儿，你是不是觉得很不可思议？那么咱们一起来估算一下。假设中国的人口是 14.4 亿，为方便计算，每人每天差不多需要 10 克盐。14.4 亿 ×10，一天要消耗 144 亿克盐。

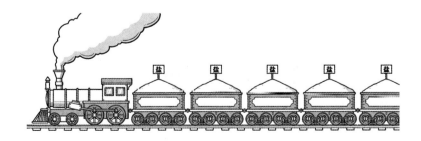

10列火车上装着盐的话，每列车20节车厢，总共是200节车厢。一般来说，一节火车车厢，本身有20多吨的重量，就算25吨，刨去车重，最多能拉80吨货。那就是80×200，200节车厢，能拉16 000吨。

　　1吨等于1 000千克，也就是200节车厢一天能拉160亿克。前面算过，全国人民一天要消耗144亿克盐，差不多就是够全国人民吃一天。

　　用火车车厢做类比，理解起来可能有些抽象。我们把车厢换成汽车，方便大家更直观地感受200节车厢的食盐到底有多少。

　　假设，一般卡车是5吨的载重量，那么一节火车车厢的载重量就相当于16辆卡车。那么，200节火车车厢相当于3 000多辆卡车，也就是说，3 000辆卡车装满食盐，才够全国人民吃一天；而我们日常开的小轿车，一般满员可以拉5个人，一个人最多100千克，5个人就是500千克，也就是半吨的样子，这样算下来，30 000多辆小轿车装满食盐，才够全国人民吃一天。

　　这下我们知道了，一些运载工具的载重量。家庭用的小汽车是半吨、卡车是5吨、大汽车是10吨、一节火车车厢是80吨。至于妈妈做饭，一勺盐有多少克、一顿饭要吃多少克盐、中国老百姓一年消耗多少克盐……这些问题，我们都有了直观的感受。

　　有了这些质量的常识，才可以帮助我们更好地认识周围的

质量 = 100kg
重量 = 980N

质量 = 100kg
重量 = 163.3N

地球

月球

世界。虽然很多东西大家平时都能看到，但是这些常规的物品到底有多重，相信很多小朋友没有切身感受，也就不会形成相应的概念。有了这些概念，物和物就有了等量关系，至于怎么分配盐、怎么计算数，孩子们也会有大概的了解。

大部分人，总是把质量跟重量混为一谈，一开始用重量来理解质量，起步其实是对的，但要搞明白，它们是两个概念。

质量是物质的绝对的量，它本身是一个抽象的东西。人们认识事物的起点，就是从感官开始的。那质量应该怎么体验？肯定是称出来的。你一称，就对质量有了大概的了解。但是用这种方式，很容易把质量和重量搞混。

从普通人的视角转到物理学，再到物理学研究，对于质量的认知，会从低维拔高到高维。从最初的，很多普通人觉得，质量就是重量。再往深挖，质量变成了物质绝对的量……为什么很多学物理的人，力学总是入不了门？就是因为他们理解的质量，总是脱离不了重量。要知道，质量是抽象概念，不等同于重量。

tips

　　质量：在近地，也就是绝大部分人日常的生活环境下，质量基本表现为重量。一旦脱离近地环境，比如，你跑到太空去，失重了，引力就变了，重量也会跟着改变，但是质量是不变的。

　　重量：直观的感受，就是物体有多沉、有多重。

温度与分子热运动

　　温度，用物理学的概念来解释的话，其实就是分子热运动剧烈程度的表征。这个表征，可以解释温度高低是怎么回事。比如，100 摄氏度的水，水分子运动非常剧烈，一秒钟的时间，能从这个位置跑到另一个很远的位置。但到了 0 摄氏度，水分子的运动幅度基本上就很微小了。

　　只要有一个温度计，我们差不多就能测出某个物体的温度。这个温度，就是一个数值。那么这个数值是怎么产生的呢？比如，把温度计插到水里，水分子会对温度计的液泡产生撞击，液泡里面的分子就会跟着动起来，动了之后，它们又会撞击温度计里面的液体。撞来撞去，温度计里面的液体运动得越来越快，液体体积就会膨胀起来，上升到一个数值，就是水的温度了。

　　它们之间传递的，其实就是运动的剧烈程度。也就是说，它们之间产生了相互作用，而它们之间的相互作用叫作力。

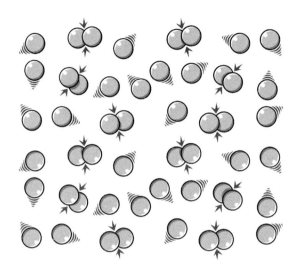

　　如果分子运动不是很剧烈，但在一定空间内它的数量比较多，你更多感受到的是压力。一旦剧烈到一定程度，它有那种"穿透性"了，就好比无数个针扎到你手上，刺痛。此时就会产生烧灼感，而不是纯粹的压力。

　　说到这里，就不得不提热传导、热对流、热辐射。热传导就是物体相互接触，分子可以直接相互撞击；热对流，是空气、水等流动性的物体的内部，物质发生移动来相互交换热量；热辐射就是通过射线，主要是红外线进行热量传递。

　　值得一提的是，空气的分子在吸收太阳照过来的热辐射电磁波（一种能量）之后，它本身的能量就会变高，运动就会加快。运动一快，就表现为温度上升了。而且，这种热辐射也存在于真空中。

有人肯定想反驳说，真空中不是没有分子吗，为什么还能有热辐射？这是因为电磁波不是分子，可以存在于真空中，使处于其中的物体吸收热辐射，从而把能量传给物体。所以，处在太空中的宇航员被太阳照到，就能感觉到热。说到射线，你肯定又会好奇，射线到底是什么，为什么它能让分子剧烈运动？这里提到的射线本质上就是电磁波，就是一段一段的能量。

提到射线，咱们可以进一步衍生到防辐射和隔热。防辐射和隔热的本质就是让剧烈的分子热运动无法传递下去。比如，航天、陶瓷类的材料，外面再热里面都不热，这种材料很难被加热，材料里面的分子很难剧烈运动。还有一种靠蒸发，比如火箭表面的涂层。加热后，它就挥发掉，这个过程会吸热，把热吸收掉后，里面就不热了。

好了，简单聊完了温度，为了帮助大家更好地理解，咱们接着一起来看看下面的几个小问题吧！

水的哪些物理特性决定了"水是生命之源"？

把水作为载体，大家可以更直观地感受到温度的概念。比如，水结冰了是 0 摄氏度，水沸腾了是 100 摄氏度。从物理的角度来说，开尔文温标是最简明合理的。按照水的温度特点，规定温度 0 摄氏度（水的三相点，准确值是 0.01 摄氏度）是开尔文温度 273.15 开，绝对零度就是开尔文温度的最小值 0 开（单位是"开"），此时物质不再运动，能量不再互相转化，绝对零度就是一切都静止了。

加上水的密度、比热容、无色透明这三个物理特性，决定了"水是生命之源"。

第一个特性——密度。一般物质，固态比液态密度大，但水比较神奇，它的固态比液态密度小。也就是说，水一旦变成冰，就会漂到水的上层。这一特性，可以保证寒冷的空气只能把水的上层冻住。所以，即使在寒冷的南北极、历史上的冰川时代，地球上依然有水存在，而不是只有冰。

而且，只有冰的密度小于水，它才会一直漂在上面，冰的表层接触到阳光，就很容易融化。这就保证了，在冰层之下，依然有水供生命生存，决定了水里面会有生命。

反过来，如果冰的密度大于水，一结冰就沉下去，那么即使太阳照射，也只是把表层的薄薄一层冰晒化成水，而水的下面全是冰。这样的话，水下面的冰不受阳光照射，很难融化，之后会填满大海内部，对海洋生命很不利。

第二个特性，水的比热容大。所谓比热容大，就是质量相同的不同物质，吸收或放出同样的热量时，比热容大的物质温度变化小。这个特性可以保证海水温度不会出现大幅升降，这对生命来说非常重要。因为生命都需要稳定的温度环境，大幅的温度升降对于生命的形成和生存都是极其不利的。

第三个特性，水是无色、透明的。这个特性使得阳光可以轻易地穿过水面进入水的内部，所以水中的生命都可以接收到阳光的照射。而生命的产生，需要巨量的变异和外界环境的多重刺激，恰好水的无色透明特性使得太阳光可以提供辐射以及水温变化等刺激。

正是因为水具有这些特性，才把它称作生命之源。它不仅是生命诞生之源，也是滋养生命的必需品。

为什么在冬天湖底的温度总能保持在 4 摄氏度？

水虽然是液体，但它的密度并不是均匀的。在 4 摄氏度的时候，水的密度最大。密度最大的这部分水，肯定要沉到最下面。至于 2 摄氏度、1 摄氏度的水，会依序往上走，温度越来越低，密度也越来越小。到了 0 摄氏度，密度就更小了，基本都聚在一起，变成冰了。

在冬天，河、湖上层的水，只要一到 4 摄氏度，就会往下沉。最终，水的温度就会形成一个梯度，比如，只要外面的空气特别冷，水的温度从下到上就是 4 摄氏度、3 摄氏度、2 摄氏度、1 摄氏度……

夏天，一些比较浅的河、湖，太阳一晒就晒透了，水温可能会有十几、二十几摄氏度。但如果水足够深的话，下层水的温度还有一部分保持在 4 摄氏度。原理和冬天一样，4 摄氏度的水密度最大，沉在水底，5 摄氏度以上的水逐渐上升。至于为什么是 4 摄氏度的水密度最大，这应该是一个巧合，跟它的氢键有关。

所以，正常观测的话，湖面即使结冰，在很深的湖底，一

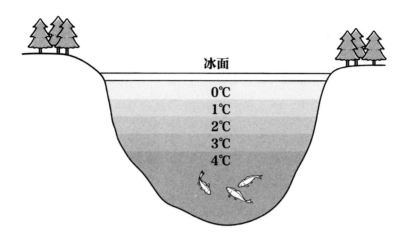

冰面

0℃
1℃
2℃
3℃
4℃

般也会有 4 摄氏度的水温。

比如，深海溶解了好多盐，所以它的温度会改变一些。此外，海底有很多火山在散发热量。在深海，有的地方火山口的水温超过 100 摄氏度，但是因为海底压力极大，海水无法汽化，所以只能一直保持液态。

为什么下雪天要在路上撒盐？

每次下完雪或者正在下雪的时候，我们总能看到环卫工人们在马路上撒盐。他们为什么这么做呢？

撒了盐之后，冰雪的熔点就变低了。大家都知道，大海是不容易结冰的，一般来说，温度至少要降到零下十几摄氏度，海水才会被冻上。为什么呢？其中一个重要原因就是海水中有很多盐分，它的凝固点（也即熔点）比较低。

往雪上撒盐这一行为，恰巧降低了它的熔点。这样雪会更容易融化，路面上就不会有那么多的积雪，免得汽车在路上打滑啦。

所谓熔点，其实也是物质的凝固点。这里的"点"，简单来说，指的就是温度。在它刚要融化或者凝固的时候，这个温度，就叫熔点或者凝固点。

这种撒盐的原理具体来说是什么呢？主要就是撒盐之后会降低雪的熔点。比如说通常情况下，雪在 0 摄氏度的时候才能融化，但是熔点降低之后，意味着零下温度，比如零下 5 摄氏度，或者零下 10 摄氏度，它就能融化。

在雪上面撒盐，盐分子就会与水分子结合，这个过程会放出一定的热量。这个时候，它会破坏水分子之间的键，使得熔点变低。

说到这里，给大家科普一下不同液体的知识。简单来说，我们生活中看到的透明的液体一般都是溶液，比如饮料、食醋等，自来水也是溶解了一些矿物质的溶液；有点浑浊，但是打光后也能透亮的，一般属于胶体，比如我们喝的牛奶、写字用的墨水、我们的血液等，其实雾也属于胶体，我们会看到早晨阳光透过雾气时显现的一条条光柱，就是典型的胶体才有的现象。值得一提的是，溶解过程大部分物质是吸热的；但也有些物质，溶解过程是放热的，比如咱们吃的自嗨锅加热用的料。

冰凉的雪糕为什么会"冒白烟"?

夏天，很多小朋友都喜欢吃雪糕解暑。打开买来的雪糕，往往会发现，雪糕正在"冒白烟"。这种现象，其实是雪糕周围的水蒸气遇冷，凝结成了微小的小水滴。所谓的"白烟"，其实是雾，雾就是液态小颗粒。大家可能还听过霾，霾就是固态小颗粒。

雪糕上冒出的白烟，其实不是雪糕融化了，而是空气中的水蒸气在遇到冷冰的雪糕之后，凝结了。相当于水蒸气凝结成了小液滴。这个过程，不是雪糕化了变成烟跑了，而是空气中的气体变成了雾，有些雾甚至会跑到雪糕上凝固成冰。所以，恭喜你，你的雪糕变大了。

雪糕冒白烟的现象和烧开水时出现的白烟有什么区别呢？水烧开了，喷的气是水蒸气，但是它遇到温度相对较低的空气，

你猜我是什么?

温度变得低于 100 摄氏度，它又凝结成了液态小液滴。这种白烟，来源于烧开的水，是从水里面冒出来的。

雪糕的白烟和开水的白烟的形成过程是完全不同的，前者，雪糕冒白烟，是空气中的水蒸气遇冷，凝结成了小液滴；后者，水烧开了，是壶里出来的水蒸气，遇到空气，变成了小液滴。它们一个是引起外部的变化，一个是引起自身的变化，两者有很大的不同，大家注意区分一下。当然，两者也有相同之处，都是"水蒸气遇冷凝结成小水滴"。

提到这里，再给大家多科普一下。我们看到的白烟，不是气体，因为气体一般是无色无味的。所以，冒出的水蒸气我们看不见，只有当它凝结成小液滴之后，我们才能看到。

tips

温度：物理学的概念，温度体现的是微观分子不规则运动的剧烈程度。大量分子撞击我们的皮肤，让我们感知到它们的剧烈运动。

热传导：热从高温向低温部分转移的过程，是一群分子向另一群分子传递振动的结果。

热对流：由于流体的宏观运动而引起的流体各部分之间发生相对位移，冷热流体相互掺混所引起的热量传递过程。

热辐射：物体由于具有温度而辐射电磁波的现象。

与生活息息相关的气压

气压和我们的生活息息相关，没有气压，我们无法正常喝水、吃饭。过去，物理学家有一个根深蒂固的观点，叫"自然害怕真空"，只要是真空，一定会有空气去填补。后来，气压出现，才发现"自然害怕真空"是错的，不是所有真空都能填补得了的。

举个直观的例子，瓶子装满水，瓶口盖一个小塑料片，扣过来，水却流不出来了，这是为什么？因为大气托着，但是水柱高到一定程度，大概 10 米多一点，大气就托不住了。

这个结论是怎么来的呢？当时是用一个真空抽水机（现在的卷扬机）抽水，这个机器到了一定高度，水就抽不上来了。又如我们熟悉的水银，甚至最高只能抽到 76 厘米。

生活中，也有类似的现象。你在地上拿一根管子吸瓶子里的水，1 米没问题；再高一点，拿一根长点的管子吸也没有问题，但是瓶子放到楼下去，你用一根非常长的管子（大概 13 米长）吸这个水，无论用多大劲儿，你都吸不上来。

说到这里，你肯定会好奇，为什么到一定高度，水就吸不上来了？因为空气的气压是有一定值的。

当然，除了压强的因素，想吸到瓶子里面的水，首先瓶子得是敞口的，因为吸的本质，是把管里的空气给吸空，通过外面的气压把水压进管子里面去。如果把瓶口封死了，外面的空气进不来，它肯定是吸不动的。

再举个例子，你坐在高空中飞行的飞机上，打开矿泉水瓶，喝了一口水，再拧上。等飞机降落，发现瓶子变瘪了。这是因为天上空气稀薄，大气压较小，地面大气压较大，把瓶子挤瘪了。一个更直观的例子是，带着密封的零食坐飞机，在高空中零食袋子会鼓起来，薯片袋子胀得都快崩开了。这就是气压。你在商店里买零食的时候，它是地面上的常温气压，而高空中气压较小，零食到飞机上全鼓起来了。

如果在金星上，水能被压得更高，因为金星上的大气密度大；换到月球上的话，因为没有空气，无论你用多大劲儿，一滴水也吸不上去。

这些和气压有关的现象，是不是很有趣？下面，我们通过两个常见的小问题，来帮助大家更好地理解它。

真空脱水是怎么回事？

疫情肆虐的时候，很多人会买脱水蔬菜囤着。这种脱水蔬菜，就像方便面的菜包，看着绿油油，但没有水。拿水一泡，一会儿就恢复常态了。这种脱水蔬菜，就是通过真空、低温脱水的方式来制作的。

脱水之后，它就会保持原来新鲜的状态，相当于蔬菜变成了蔬菜干，这样它就不会腐烂了。下次用的时候泡点水，就像海参一样泡发起来。脱水这个过程没有经过高温，蔬菜的蛋白质结构不会发生变化。泡发之后，虽然没有了新鲜的味道，但它的营养价值还是很高的。

为了更好地理解真空脱水，咱们可以换个例子。比如，咱们人去到外太空，之所以要穿航天服，就是为了加压保持气密性。太空几乎是真空，如果人直接出现在那个环境里，血液瞬间就会沸腾，人的内脏就爆了。我们生活在地球上，在大气压的作用下，血液中的水分子会聚在一起，一旦到了真空环境，压力消失，水分子就跑出去了。

所以说，人得有大气压才能活；没有大气压，瞬间就死了。深海里打捞上来的鱼，出水之后蹦两下就死了，也是因为它们更适合高压状态下的生存环境，把它们放到常压状态，它们的身体结构就被破坏了，内脏也会爆掉。

有人说，以后的殡葬，可以实行"真空葬"，把人放在真空里，瞬间就会变成恐怖的"干尸"，人也就挥发了。所以，开个玩笑，你还可以试试真空减肥法，去到真空，用适度的压力来让自己减重。

当然，也不是所有的东西放在真空中都会脱水。比如铁，它放在真空里就没有什么事。因为它是固体，构造中没有水分等液体，不会受到气压的影响。

你甚至可以想象一下，找到一个能抽真空的东西，滴几滴水放进去。抽一下真空，就会看到水在慢慢地起雾。当你使劲儿抽真空时，这个水还会沸腾，这是因为气压越低，水的沸点就越低。假设现在屋里是 20 摄氏度，这时你抽真空抽到一定程度，才 20 摄氏度，水就开始沸腾，变成水蒸气了。

高压锅打开锅盖后，平静的水，为什么会再次沸腾？

高压锅内的气压很大，导致水的沸点变高，可能到了 120 摄氏度才开始沸腾。这样，就可以用更高的温度把食物煮烂。

在西藏这样的高原地带，因为气压低，导致水还没到 100 摄氏度，就沸腾了，基本上七八十摄氏度的时候水就开锅了。

很多小朋友会有疑问，不是说水的沸点是 100 摄氏度吗？怎么有的高，有的低呢？实际上，100 摄氏度水开始沸腾，指的是在标准大气压下，并不是所有情况都通用。随着气压的升高和降低，水的沸点也会变高和变低。

看到这里，肯定有小朋友会想，70 摄氏度就开锅，那咱们煮饭不是更快吗？但真实情况是，饭只能煮得半生不熟，因为70 摄氏度的水温太低了，而且水沸腾后再加热，温度也不会再升高。

理论上来说，越高的山上，越喝不着 100 摄氏度的开水。在西藏喝的开水，事实上也就七八十摄氏度，所以你吃的东西可能也是生的，这对健康是有一定危害的。并且，不管你加多少柴火，煮多久，水最终的温度只能达到 80 多摄氏度。

所以，在高压锅出现之前，西藏当地的居民基本不吃米饭，因为米饭焖不熟。但这并不代表着在西藏吃不到任何熟的东西，虽然水煮的最高温度只到 80 多摄氏度，但是可以用油煎，可以用锅炒。西藏居民都是把青稞做成面，拿锅炒，炒熟了，泡水喝。油煎的话，油的温度是多少度，食物基本上就能达到多少度。

在西藏、青海等地区，高压锅是每个家庭必备的。由于高压锅的出现，当地居民吃到了很多之前吃不到的美味食物。

用过高压锅的人，会发现一个有趣的现象，那就是用高压锅煮熟食物之后，打开盖子的时候，本来平静的水，会再次沸腾起来，这是为什么呢？

前面说过，高压锅里的气压很高，在打开锅盖前，水的沸点可能在 120 摄氏度，此时水的温度或许是 110 摄氏度，所以不会沸腾。

当把锅盖打开，气压下降，水的沸点就会回到 100 摄氏度（标准大气压下），此时 110 摄氏度的水当然会立即沸腾起来。根本原理是这样的：无论是烧水时水沸腾还是打开锅盖时水沸腾，都是因为水中的水分子突然剧烈地向外"逃窜"的结果。

这里再给大家引申一个小问题：如何在海平面上，让不到 100 摄氏度的水沸腾？答案是，用一个封闭容器给它抽真空！你学会了吗？

tips

气压：气体的压强。没有气压，我们基本上无法正常生活。

沸点：液体沸腾时候的温度。

处处"可见"的分子运动

　　提及分子运动，就不得不提分子。关于分子，化学和物理对于它的理解，是不太一样的。化学理解的分子，重点在于区分物质。在化学当中，相同的物质具备相同的分子。在它们分子结构一样的情况下，会被归为一类物质。但你把几种分子混合在一起，就变成了混合物。

　　到了物理学，基本上就把分子无差别地看成微小的有质量的点，也就是抽象成一个个质点，研究它在宏观世界运动的性质。对于物质的改变、物质的性质，一般不过多涉及。因为物质改变、物质的性质，是化学研究的领域。但你要知道，化学本身也包含在物理研究的领域里。

　　在物理领域，二氧化碳分子和氧气分子基本没有区别。当然，分子的质量不一样，有可能导致气体密度等性质不一样。

　　分子运动的一些基础知识和概念，就给大家简单介绍这么多。下面，我们再通过几个小问题，来加深一下对分子运动的理解。

为什么会有固体、液体和气体？

从本质上说，固体、液体和气体的差别，应该是一个化学问题，因为物体组合的实际状态，是靠一些分子间作用力、化学键等来约束的。简单来说，原子、离子这些微观粒子之间的相互作用是化学键，分子间的相互作用就是分子间作用力。

正常情况下，分子在分子间作用力的作用下按照一定规则排列在一起，一旦加热，这种分子的运动就会加剧，分子就会慢慢地散开。而温度越高，分子之间的键越容易被打破；温度越低，分子之间的运动越不剧烈，分子就更容易聚在一起，从而产生固体、液体、气体之分。

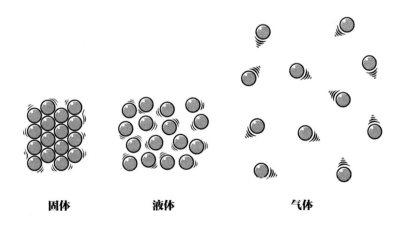

固体　　　　　液体　　　　　　气体

从这个角度来说的话，固体是分子热运动的剧烈程度最低的状态，液体是处于固体和气体之间的一种状态，气体则是分子热运动的剧烈程度最高的状态。

当然，它和温度也有一定的关系，外界温度低，分子热运动的剧烈程度就低，更容易聚集；外界温度高，分子热运动的剧烈程度就高，分子不容易聚集在一起。也就是说，剧烈程度越高，分子越容易往外跑，越容易变成液体、气体。

如果想要凝聚成固体，就相当于在分子之间，要像小家庭一样进行组合。这就像一个社区的人下来排队，因为大家比较熟，就会站得比较紧密。而不同社区的人，因为陌生，会站得比较分散。越是聚集得紧密，越是容易形成固体。

再形象一点，你甚至可以想象，一般固体之间的分子排列，有一个网状结构，就像一个骨架，而液体缺乏这种骨架性质的化学键。到了气体状态，分子之间的相互作用力基本上都近乎消失了。

以水为例，按理来说，水分子之间应该有"范德瓦尔斯力"，这是分子之间的一种作用力。分子本身是不带电的，但每一个分子会有极性，它们之间就会存在不同极性相吸的情况。

水分子之间的作用力，聚集状态不像固体那样稳定，而是呈现流动的状态，所以也很容易在某种条件下变成固体或者气体。冰、水、水蒸气这三种形态，就是水的固体、液体和气体的典型表现。

为什么酒香不怕巷子深?

我们经常能看到，医生在给人打针之前，会拿酒精涂抹消毒，不一会儿酒精就干了。如果加些水进去，酒精的浓度变低，可能干得就慢很多。这是因为，酒精分子的运动很剧烈，酒精挥发得很快。

我们还常常听到"酒香不怕巷子深"这句话，它和酒精挥发的原理是差不多的。我们之所以能闻到酒香，是因为酒精的分子挥发出来了，跑出来的依然是酒。酒香飘出巷子，等于液态的酒变成气态了。酒精比水更容易挥发，二者同样装满一个瓶子，敞开口放置的话，酒会少得更快些。

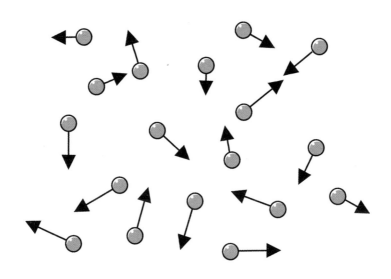

正是因为酒精分子在不断地做运动，让它具有挥发特性，所以巷子再深，酒精分子迟早都会飘出来。一瓶水，开盖之后会不断有水分子出来变成水蒸气，也有少量的水蒸气会重新变成水。但是总体来说，变成水蒸气的水分子更多一些，所以水会不断地减少。

酒中含有芳香物质的分子，变成气态跑出来之后，这个气体钻进了我们的鼻子，我们就闻见了。正因为它有挥发的特性，酒才能不断地变成气体，散布到空气当中，变成了酒香。如果酒不香，或者它没有挥发的特性，再好的酒我们也闻不见。

另外，因为酒精的挥发速度快于水的挥发速度，所以随着不断的挥发，酒的度数会不断地降低。酒只要打开放置一段时间，度数就会越来越低，越来越没味道。

除了酒香，汽油的味道之所以特别冲，也是因为它特容易挥发，你打开盖子，这气体就出来了，你就能闻见汽油味儿。

比分子还小的粒子是什么？

原子是比分子还小的粒子，只要原子的核外电子数相同，它们就属于同一种元素，地球上只有100多种元素。但是不同的原子可以排列组合成不同的分子，之后再组合成无数种物质。而区别物质，核心就是看分子。化学研究的物质改变了，就是分子变了。一般情况下，不经过辐射，原子是不会变的。

例如，日本科学家不断地用特殊射线，照射金附近的几种元素，就照出金子来了。这样做等于用射线打到原子里，改变了物质原来的属性，不是金子都变成了金子，就跟点石成金似的。不过，从目前来看，这种转变成本非常高，以此造金子并不划算。有一天，如果我们能控制原子的状态，科技就会发生极大的进步，到时候，金子想造就能造，它就完全不值钱了。

原子就是由原子核和核外电子组成的，由于原子核和电子都很小，所以可以说原子内部是很空旷的。如果我这么描述你觉得很抽象，那可以想象一下，原子是一栋大房子，原子核就相当于房子中间的一个乒乓球，电子就是周围飘着的灰尘。

当把原子紧紧地挤在一起，原子挤爆了，电子撑不住了，所有原子核都紧挨着，就变成了超固态。再挤，把电子挤进了原子核，就形成了中子态。

有些恒星在晚期会变成中子星，这种状态下不再有原子，所有电子都进入了原子核，最终星体都由比原子小得多的中子组成，这种中子态的星体是非常致密的。

在化学中，用摩尔这个单位来计量分子、原子的数量，因为分子、原子的数量太多了。比如一摩尔水中，有 6.02×10^{23} 个水分子，这样把水分子用摩尔来计量，就方便多了。你可以理解为，到了分子、原子这个层面，研究的数量特别多，摩尔这种概念更方便计算。以后就不用说多少亿个水分子了，只需要说几摩尔。

物理学研究，比如说热力学，可以把分子抽象成一个一个的，忽略它的物质特性，比如硫化氢、一氧化碳、二氧化硫等气体，可以把它们看成一种气体分子，忽略它们作为物质的这些特性。它们是否有味儿、是否有毒，一般物理学不去研究。

tips

分子：物理学的分子，忽略它的物质特性，抽象成一个个微小的有质量的点。

固体：物质存在的一种状态，有一定体积和一定形状、质地比较坚硬的物体。

液体：有一定体积，无一定形状，并且能够流动的物体。

气体：没有一定的体积和形状，能自由流动的物体。

测不准的精确与误差

一般来说，误差是由测量工具不够精密，或者测量人观察不敏锐，判断能力不强形成的。

我刚开始学习测量的时候，跟物理老师说过一句话，我说测量的本质，都是"以己度人"，从根本上就不可能精确。比如，拿尺子去量桌子，实际上量的不是桌子，而是尺子，因为我们读的是尺子的某个长度，只是用这个长度去代表桌子的长度；同样，拿温度计量体温，量的不是身体的温度，而是温度计的温度。温度计的温度和身体的温度，它们是两个事物，本质上就会存在绝对误差，不可能完全一样。

到了微观领域，测量本身，甚至观察本身就会影响被测对象，从而改变它。你都是用自己来量别人，事实上你量的是测量工具，用它来逼近被测物体。

因为你读的是测量工具的数，而不是被测物体的数。你拿温度计量体温，是温度计到了这么高的温度了，并不是身体。气温计量出的气温，也不是空气的温度，你是拿它来代表空气的温度。在哲学层面上，测量永远不可能做到绝对精确。

说完了精准与误差的基本概念，我们再通过两个小问题，来加深一下印象吧！

物理世界为什么总有"不可测现象"？

海森堡有一个测不准原理，他提出，在微观领域，测量本身，就会改变被测物体。从理论上看，测量越精确，我们能够做出的仪器就越精密。但实操起来，总是精确到一定程度，就没有那么精确了。

想象一下，在宏观世界，测量结果是连续的，你可以测出 1 米、1.1 米、1.11 米……但是到了微观世界，测量结果是跳跃的、颗粒状的。它并不连续，你怎么能够测精准呢？

比如说，常见的双缝干涉现象就非常神奇。光一打，啪的一下，彩色条纹就出来了。从两个缝过去的光一叠加，就出现了彩色条纹。如果让光子（组成光的粒子）一个个从双缝过去，长时间后，也能看到彩色条纹。但是如果我们观测一下，这些一个个的光子到底分别是从哪个缝过去的，怪事就发生了——彩色条纹消失了！不观测，就能形成彩色条纹，一旦观测，干涉条纹就会消失，光屏上出现的是两条亮线而不是单缝衍射条纹。

就好像光子是有思考的，它们知道你观测了，就不那么排列了，大家就变得无组织、无纪律；但你不观测，大家就有组织地排列。听到这里，大家会不会觉得光子其实是有思考、有生命的？

这种类型的实验有很多，很多时候，你看一些东西，用光照它一下，这本身就改变了它。有时候，甚至不打光，你也测不准。它的位置测得准确一些，那它的速度就测不准了；它的速度测得准确一些，那它的位置就测不准了。

有科学家认为，这可能是牵扯到了人的意识层面，你一旦对它注意，一旦对它有意识，一旦观察它，无论采用什么样的观察手段，都会改变原先的结果，都无法测准。

最显著的一个例子就是氢弹爆炸。氢弹这种物质，理论上，

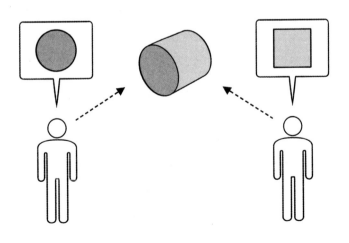

需要 1 亿摄氏度的高温才能引爆。以人类目前的科技来说，根本造不出来。但为什么它能出现？因为人们用 6 000 万摄氏度的原子弹，把理论上需要 1 亿摄氏度才能引爆的氢弹给引爆了。这个现象，又被称为量子隧穿现象。

这个理论也许很难理解，因为现实生活中很难见到例证。就像人在爬坡的时候，一定得用很大的体力，才能爬过去。只要体力小于需要值，你就爬不过去。但在微观领域不是这样的，有个别粒子能量不够的，也有概率翻过这坡，就像打个隧道直接就过来了。

在量子世界里，前面有一个坡，理论上粒子是过不去的，但它一次次往上冲，测量数次之后，你会发现有那么几次过去了。至于怎么过去的，没有办法解释。

再通俗一点，就好比普通学校的学生，模拟考试满分 750，正常情况下成绩最好的考个 620。突然，冒出来一个考 700 多分的学生，真有这种可能。所以说，量子世界很像人的社会，有些事情测不准。比如，学霸考砸了，什么原因造成的？这只能用概率去解释，具体什么原因不知道，但这种事情时有发生。

测量越来越精确，对我们有什么好处？

测量精准，对我们有着重大意义。比如，几纳米的芯片，它的工艺主要体现在沟槽宽上。一般情况下，沟槽宽度越小，芯片里面所容纳的器件就越多。但你要想精准，不但要测准确，还要从物理、化学的角度，给它加工得精确。目前来看，做到 5 纳米以下就非常难了。

又如，19 世纪末，英国物理学家瑞利在精确测量各种气体的密度时，发现由空气中取得的氮气的密度是 1.2572 千克每立方米，从氨中取得的氮气的密度是 1.2505 千克每立方米，二者相差 0.0067 千克每立方米。虽经多次测量，但仍然存在这个令人奇怪的差异。

后来，他终于找到了原因，并从空气中分离出另一种当时还不知道的密度较大的气体——氩。瑞利因此荣获 1904 年的诺贝尔物理学奖。由此可见，尽可能的精准还是非常重要的，它甚至会推动人类科技的进步。

在微观世界，测量出的是孤立值。但回到日常生活，在宏观世界中，物质的测量值都是连续值，可以得出准确的数值。

比如，有种风扇调速方法叫 PWM 微调速法，这是什么意思？正常的宏观调速，电压越高，风扇转得越快。但在实际生产环节，没有一个厂家这样做，因为这种做法成本高。

那怎么实现呢？一分钟之内，每隔 1 秒钟通一次电，它的转速是一个值；每隔 0.5 秒通一次电，转速会加快；每隔 0.2 秒通一次电，转速会更快。也就是说，通电越频繁，转速会越快。通一次电，相当于一个电脉冲，一秒钟之内有多少个电脉冲给它，这是一个孤立值，用这个来调速。

还有，一般来说，低档电脑显示器的光线很伤眼睛，看久了会觉得难受，因为它的亮度不是恒定的。相当于一秒钟内你不停地开关，比如开关 30 次，亮度比较暗；开关 60 次，亮一点了；开关 90 次，特别亮。实际数值比这个还要大，这也是所谓的孤立值。

而连续值，比如，高档显示器，它的亮度是恒定不变的。也就是说，不闪的电视，它的背光不是靠这种闪烁来调节的，所以，对眼睛的伤害不大。

现在，你拿着手机打开相机，对着电视，会有什么反应？你会发现，电视在闪。这就是它在不断地调节。为什么人眼感受不到？因为人眼是有延迟的，它一秒钟闪 90 次，你短时间感觉不到，你看到的就是连续的图像。但是事实上，长时间看这种电视，对视力是有伤害的。

tips

测量：用各种仪器来测定物体位置以及测定各种物理量，比如温度、质量、地震波、电压等。测量的本质，都是"以己度人"，本质就不可能精确。

量子隧穿：通俗点说就是，微观粒子凭空"借"能量来穿墙。

原子变化让物质发生巨变

　　说到原子变化，一定是物理层面的问题。化学层面只研究分子、原子的重新排列。为什么要了解原子变化呢？因为它是基础的知识。比如，原子由原子核、核外电子两部分组成，原子核一般由质子和中子组成。原子核会发生核裂变、核聚变。通过对原子的研究，可以造原子弹、氢弹，这都属于物理领域，只有对原子进行深入的研究，才能更多地了解物理知识的底层规律。

　　把别的质子加到原子核里，原子就会发生变化。比如氢聚变成氦，氦聚变成更大的原子核。但原子核越大，需要聚变的温度会越高。就我们已知的原子变化而言，铁是聚变过程中宇宙能产生的终极元素。恒星的归宿、很多行星的内核、地球中心大都是铁元素。

　　之所以说铁是终极元素，是因为这种原子核的势能（原子核的一种能量）是最低的，其他的原子核的势能都比它高。这种势能有一个特性，能量越低越稳定。能量都是从高能量往低能量走，就像水往低处流一样。

铁原子核的势能最低，意味着如果把铁变成其他物质，得给它输入能量。反过来，别的物质变成铁，会释放能量。原子弹裂变释放能量之后，如果最终变成了铁，就不再释放能量了。

说到这儿，相信大家已经对于原子的变化有了一定的了解。接下来，咱们再通过几个小问题来加深一下印象吧！

核裂变是怎么回事？

裂变，简单说来，就是质量较大的原子，维持不住原来的状态，分裂成几个较轻的原子，在这个过程中会释放能量。但

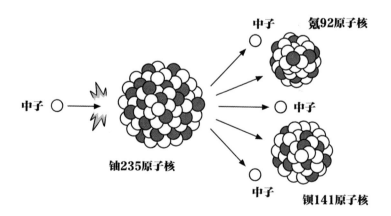

中子

氪92原子核

中子

中子

铀235原子核

中子

钡141原子核

能量是有上限的。

举个例子，铀有三种同位素（质子数相同但中子数不同的同一种元素），铀235、铀234、铀238，它们的中子数不一样。正常情况下，容易衰变的就是铀235，原子弹爆炸的威力主要就是靠它。

其实，地球上最厉害的核武器叫作氢弹。氢弹的内核是原子弹，外壳则是由铀238做的。铀238在正常情况下不会裂变，但是快中子一打它，它就裂变了。原子弹爆炸，会引起氢弹中的重氢物质发生聚变，这个过程产生的温度极高，就像一颗人造太阳。

在实际应用中，要想产生核裂变，首先要提纯核燃料。这个过程非常耗能，一般要从铀矿石里提炼、提纯，过程中要用到离心机。

可以说，核辐射主要是裂变造成的，它有巨大的放射污染。所以，核电站一旦发生核泄漏，会带来灾难性的事故。美国三里岛核电站核泄漏、苏联切尔诺贝利核电站核泄漏、日本福岛核电站核泄漏，都给人类带来了巨大的灾难。

实际上，没有爆炸的氢弹本身是没有核污染的，它的污染来自引爆它的原子弹。即使氢弹爆炸了，产生的核污染也是有限的。总之，无论有没有污染，核反应都是能够产生巨大的能量的。

说到这儿，有朋友会问，那是不是多建几个核电站，就可以解决能源的问题。然而，想是这么想，真的实操就会有安全问题存在。即使操作方面的安全问题解决了，也有可能因为一些外部因素的变化而发生核事故，比如地震、海啸等。

核聚变是怎么回事？

氢气球大家都见过，一放手，它就会飞到天上去。这是因为氢气很轻。一般来说，氢有三种同位素——氕、氘、氚。正常的氢，绝大部分是氕，少数是氘（重氢），极少数是氚（超重氢）。

在地球上，氕无法聚变，因为它需要几亿摄氏度的温度才能发生反应；氘聚变对温度的要求会低一点，1亿摄氏度左右应该就可以；氚聚变的话，对温度的要求相对更低一些。

事实上，比铁轻的元素都能聚变，只是在地球上极难实现。只有在恒星那种温度极高、压力极大的状态才容易聚变。地球

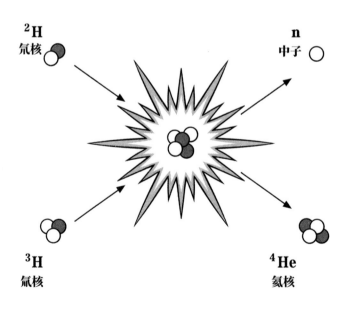

上目前唯一能聚变的，就是氢，我们能够通过引爆原子弹，达到 6 000 万摄氏度的高温，以此实现氢的聚变。

氘比氕多了一个中子，不稳定，却没有辐射。聚变成氦的时候，会损失掉一些质量的物质，物质消失掉之后，变成能量释放了，氢弹就这么爆炸了。

前面讲过，氢弹是用原子弹引爆的。美国第一颗氢弹采用的是液体重氢和三重氢的"温式燃料"，就像个体积庞大的冰雹一样。

现在又出现了新燃料，叫作氘化锂。这种氢弹结构很难掌握。

核聚变与核裂变不同，它基本上是没有污染的。如果受控核聚变这项关键的技术有所突破和顺利应用，第四次工业革命可能就会到来。那么，从此能源再也不是问题。一旦哪个国家第一个研发成功受控核聚变，哪个国家就站在了世界前沿。

放射性是怎么回事？

所谓放射性，就是原子本身或者原子在和其他粒子撞击过程中，发生的某些粒子往外发射的性质。这些往外发射的粒子射线束包括 α 射线、β 射线和 γ 射线。你想，一摩尔水是 6.02×10^{23} 个水分子，跑出万分之一，数量就已经大到无法想象。现在每天都会有宇宙射线打穿我们身体。但它们太小，数量也不大，穿过去也没啥事。但如果突然来一大批，等于好多

射线　　　　　　　　　　　　　　**DNA**

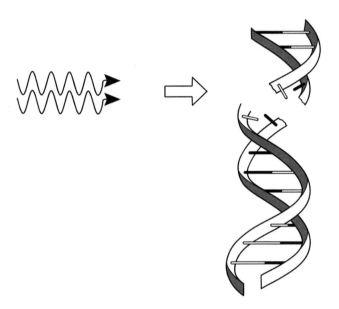

小梭镖从你身上穿过去，你就会受不了。

为什么打穿你的身体，对你有那么大的影响呢？大家想象一下，射线从你的身体穿过去，它非常精确无误地打到了你的DNA分子链上，能把你的DNA打乱。

射线打到分子上，就相当于子弹打到人身上，带来的损伤是不可逆的，很多癌症就是这么来的。还有我们熟知的育种种子，如果用辐射源照射它，就会改变它的DNA结构。

射线带来的污染，在很多方面都有体现。甚至，原子弹造成的污染，都没有这些辐射源污染大。因为原子弹的辐射，其实来自那些极少数的、还没来得及炸的东西。那些少数没有参与核裂变的漏网之鱼，可能在地底下、在水里会产生辐射。相当于，没有爆炸的是有辐射的，炸完就没辐射了。而原子弹已经大部分都炸没了，它的污染是有限的。

另外，那些能发夜光的东西，包括小孩的玩具、荧光表等，只要它不是靠白天储存太阳能发光，里边都含有少量的辐射物质。辐射源打到它上面，给它提供能量，它就亮了。灯也一样，电子打到荧光物质上，也就是等于辐射到它了，它才会发光。

最后，大家要知道，放射性衰变是有半衰期的，物质辐射完了，会变成别的物质。这里的半衰期，指的是衰变辐射减少一半所要经历的时间。有的半衰期为好几百年甚至上万年，时间非常长，长到一旦一个地方受到污染，基本上没有办法恢复，只能靠稀释。

比如，日本把福岛的核废水都排到太平洋里，就是为了稀释污染。基本上，有人类存在的年限，这种污染都消失不了。而且，水的扩散是非常快的，对世界各地都会有影响。

别不相信，你随便拿瓶水，随便找个地方把它倒了。一年后，你在地球上的任何一个地方舀起一杯水（地表水）来，其中都会包含之前你倒掉的那瓶水里的一些水分子。你想想，日本排掉的核废水对我们有多可怕的影响！

tips

原子：化学反应不可再分的基本微粒。

电子：一种带有负电的亚原子粒子，是电量最小的粒子。它可以是自由的，不属于任何原子，也可以被原子核束缚。电子具有粒子性和波动性，即波粒二象性。

第 二 章

运动的奥妙

会"静止"的相对运动

聊到相对运动，我就会想到某个讲解舰船知识的军事网站。上面有人发了个帖子，连着火了十几年。他发的帖子是这么说的：

> 飞行事故太惨烈了，一出事故就会导致一飞机的人死去。我设想，当飞机出事故，即将坠地的那一瞬间，把乘客从座椅上弹起来，飘浮在空中，处于失重状态，人不就死不了了。大家觉得我的创意怎么样?

发帖人提出这一设想之后，大家纷纷跑去膜拜，称发帖人为失重教主。

如果学过物理，你就会知道，这种设想非常不合理。

因为，快落到地面时，有一个非常大的往下的速度，如果想腾空、悬空，或者想静止，就需要一个很大的力往上弹。

人在飞机上，跟着飞机一块高速下降，就算真能弹起来，同样大小的力会施加给这个人，跟直接坠地没什么区别，一样会死掉。

这和跳车类似，为什么行驶过程中不能跳车？因为车虽然不高，但人跳下来，等于瞬间从车行驶的速度，变成静止。只要一着地，就会摔倒。严重的话，甚至会摔死。

还有一个最经典的物理题：一艘船在静水（没有水流的时候）里巡航时速是 15 千米，全速是 30 千米 / 时。船在水流速 5 千米 / 时的河流里巡航时逆流而上，路过一个桥墩，掉了个箱子，没有发现，开了半个小时之后发现了，立刻掉头全速追赶，问多久能追上这个箱子？

这个问题中，很多人会被水流速度影响，其实它是不用考虑的。因为你的箱子跟着水流在动，你的船也跟着水流在动，也就是说它实际上是一个整体，不管是顺流还是逆流，只要把箱子和水看成一个整体且当成静止的，船的速度是不受影响的。

因此，全速追赶箱子，花费时间就是 15 分钟。再回到一起运动的水和箱子，水流速 5 千米 / 时，追上时箱子被冲走了 3.75 千米。这个题基本上不用计算，就能秒出答案。

如果是在大海里，你是不是就不想流速的问题了？为什么？因为没有参照物，没有岸也没有桥，你就会觉得海面是静止的，其实海水也在流动，因为有洋流。再深入一下，你总是随着地球在动，会考虑地球自转吗？一样不会考虑。

说到这里，大家应该对相对运动有了大概的了解。通过下面几个小问题，我们一起再巩固一下知识吧！

人能徒手抓住飞行的子弹吗？

据说，第一次世界大战期间，一名法国飞行员在 2 000 米高空飞行的时候，发现耳边有个小东西在运动。一开始他以为是一只飞虫，于是随手就把这个东西抓住了。但当他打开手后，惊讶地发现，他手里抓的竟然是一颗德军的子弹。

听起来是不是有些匪夷所思？其实，用相对运动来解释，一切就都合理了。假设，子弹射出枪口的速度是 1 000 米 / 秒，射出去之后，由于空气阻力，飞行了很远才到达飞行末端。这个时候，子弹的速度可能已经减到了 40 米 / 秒左右，而当时飞机的飞行速度也可以达到 40 米 / 秒左右。

这意味着，在某个时刻，子弹和飞机具有相同的飞行速度。

子弹相对飞机来说，就是静止不动的，飞行员徒手抓住子弹就不是什么难事了。尤其是飞行员还会佩戴皮手套，也不怕子弹在飞行中，跟空气摩擦产生的高温。

和徒手接子弹类似的，还有据说是1935年差点发生的一起火车事故。当时，火车司机博尔谢夫正驾驶着蒸汽火车快速行驶，他发现对面有辆没有火车头的36节火车，正以15千米/时的速度向自己驶来。

这时，博尔谢夫急中生智，将火车停下来并开始倒车。随着前面36节车厢接近自己的火车，博尔谢夫逐渐将倒车速度提高到15千米/时，而这时前面的36节车厢刚好接触到自己的火车。就这样，博尔谢夫稳稳地接住了这36节车厢，避免了一场碰撞事故的发生！

说个更常规的，我现在拍一下你的肩膀，表面看我们都是静止的，速度都为0，实际上我们都在随着地球飞，而且速度非常快。从这个角度上说，速度不是最重要的，相对速度才是最重要的。

同样的例子，我们生活中也比比皆是。比如，你追着飞盘跑，抓飞盘的时候，会觉得没有冲击力；但你只要迎着飞盘，就会被打到手。所以，想要接飞盘，就得跟着飞盘跑，这就是相对运动的秘密。你看狗叼飞盘，也是追着飞盘跑，迎着飞盘跑，一下就把它打疼了。

太阳东升西落，为什么不能说太阳是在围绕着地球转？

想知道这个问题的答案，大家不妨设想一下，如果太阳只有地球一个行星，你还会关心谁围绕着谁转吗？根本不会关心！正因为太阳有八大行星，所以导致你根本分不清是太阳围着地球转，还是地球绕着太阳转。

为了更好地研究它俩之间的运动，就固定地把太阳当成参照系。因为只有这样，研究这个运动才能变得更容易，因为其他行星也都按照同样的规律围绕着太阳转。所以，之后大家就达成共识，一致认为是地球围绕着太阳转。

当然，除此之外，还有一个历史原因，这就不得不提太阳系是从哪儿来的。简单解释一下，太阳系是一大片星云在引力作用下坍缩聚集形成的，而太阳恰好就在星系旋转的正中心。太阳周围的行星是围绕中心旋转的星云物质聚集而成的。

可见，从历史的角度来说，太阳系的物体都在围绕中心来转。因为中心质量最大，引力也最大。爆发的时候，以它为中心，大家都在转来转去，也就有了地球围绕太阳转这一说法。

说到这里，再给大家补充一个小知识点。太阳系形成时，超新星爆发的瞬间，当时爆炸的物质没分配好，有一个大物体本来有可能形成太阳的一个伴星（另一个太阳），但是当时分家的时候，它没抢到足够多的物质，所以，这个伴星最终没能形成，便成了今天的木星。否则，咱们现在就会看到两个太阳了。

垂直下落的物体和水平抛出的物体为什么同时落地？

聊这个问题之前，咱们先看两个概念，矢量和标量。矢量，指的是既有大小又有方向的量并且有独特的一套运算法则。比如，速度就是矢量，速度既有大小也会有个朝向，位移（从一个位置指向另一个位置的有向线段）也是矢量，既有大小又有方向。另外就是标量，指的是只有大小，没有方向的量。比如温度、长度等就是标量，只有大小，没有方向，你总不能说今天的气温是 35 摄氏度，方向朝左吧。

当然，矢量这个概念，并不是特别好理解。以至于很多学生读到了高中，特别是在力学板块，根本学不明白，因为大家不知道该怎么去分解这个矢量。

为什么我在这里要刻意强调矢量和标量的概念呢？因为咱们接下来的内容，也就是我们这里提到的运动其实就是一种矢量。实际上，物体在下落的时候，会把它分解成水平方向和竖直方向两个运动。

假如有两个物体的高度一样，可以想象一下，垂直下落和水平抛出去的物体，它们在竖直方向的运动是完全一样的，只不过一个不存在水平方向的运动，另一个存在水平方向的运动。

比如你坐飞机，从飞机上丢下一个石块或者圆球。地面上的人看到的运动轨迹是抛物线，而飞机的人看到的一直是竖直向下的直线运动。虽然这里我们换了一个角度，运动的曲线也不一样，但不管是从地面上看到，还是从飞机上看到的，会发现它们是同时落地的。

在物理学里，一旦提到运动，其实都是相对而言的。没有什么绝对的东西，关键在于你的参考系是什么。

tips

相对运动：一物体相对另一物体的位置随时间而改变，则此物体相对另一物体发生了运动，两个物体处于相对运动的状态。

参照系：又称参照物，指研究物体运动时所选定的参照物体。

多样而迷人的速度

  速度，在我们的生活中非常常用，相信大家对速度都有自己的理解。比如汽车速度、飞行速度、吃饭速度、跑步速度等，有各种各样的速度。

  这个词，我们常常挂在嘴边，但是它究竟意味着什么，如何去表示和理解，很多人都是一知半解的。

  带着这样的疑问，我们一起开始今天的学习，走进速度的世界。

速度到底是什么？

  一个物体，从一个位置运动到另一个位置，如果花的时间少，说明运动快；如果花的时间长，说明运动慢。总之，提及速度，一定离不开路程和时间这两个概念。

关于速度的描述，一般来说，速度的大小可以用一段时间内通过的距离的大小来表示。速度必须得跟路程、时间有所联系，二者缺一不可。路程除以时间是速度，速度就是运动的快慢。但如果这么想，你会发现，任何的速度都不是精确的。因为，你在某一个点上时，我怎么知道你在这一点上的速度？

这就引申出了一个概念——瞬时速度，也就是某个时刻的速度。该怎么去描述？如果说其对应时刻，意味着在这个时间点的速度。那么在没有路程、时间又停止的情况下，这个速度值又是怎么来的呢？

想要解答这个问题，咱们要从更高的层次来看。因为时间在这一时刻是停止的，那么物体肯定也是静止的。比如，你在5分35秒暂停一下，那1秒停了，那个画面就一定是停的。

但是瞬时速度又该怎么定义、怎么描绘呢？瞬时速度难道都是0？

物理学规定，当时间在某个时刻趋于无限短，这一瞬间的路程除以这个无限短的时间，就是瞬时速度。用数学语言表达，瞬时速度就是在这一时刻路程的变化趋势，比如路程是要变大还是要变小、具体要变多大等。但这里的瞬时速度，恐怕咱们必须用到微积分。只有你学了微积分，才能清楚地了解什么是路程变化的趋势，才能知道导数就是函数变化的趋势。

说到这里，我想到了一个悖论，叫作"飞矢不动"。就像射出去的箭，虽然飞着，但在中间的任意某一个时刻，由于时间是停止的，所以箭也一定是静止的。比如，你看电影的时候，在 5 分 35 秒、5 分 36 秒暂停了。当你在 5 分 35 秒暂停，那它 35 秒的时候，就停在这个位置上。下一秒，停在另外一个位置。总之，只要每一时刻都是静止的，则说明整支箭都是静止的。

这些悖论，在极限概念诞生之后，全都被破解了，比如飞矢在任一时刻的瞬时速度就不再是 0 了，而是位移的变化趋势。包括倒一杯水，每天加前一天的 1/2，而且一直往里加。用传统思维来推测，永远加不满，但用微积分算的话，总有加满的一天。为什么牛顿伟大，这就是原因之一，微积分诞生之后，好多问题就都能解释了。

李白真的可以"千里江陵一日还"吗？

李白在《早发白帝城》中有一句诗："朝辞白帝彩云间，千里江陵一日还。"白帝也就是白帝城，是刘备当年病死的地方，江陵就是今天的湖北荆州。当时关羽大意失荆州，刘备去给关羽报仇，结果打败了，只能灰溜溜地返回白帝城，路上用了几天时间。这个故事证明了，逆流而上在用时上可能会很长，但能到达目的地。如果是顺流的话，借着水的既有速度与船速的叠加，速度会快一些，用时会短一点。

说到这里，讲个题外话。以前，为什么在三峡上，有那么多靠拉纤养活自己和家庭的纤夫？因为三峡地势险峻，水流湍急，木船在逆流而上的时候，船速没有水速高，如果没有外力帮助的话，船就被水冲下去了。怎么办？只能靠纤夫人力拉着才能前进。

在蒸汽机出现之前，如果没有纤夫，船很难从下游行驶到四川。当然，现在大部分都用机动船了，纤夫已基本退出了历史舞台，他们成了表演和展示传统活动的一群人。

好了，咱们说回"千里江陵一日还"。

在水上行船，必须得考虑水的速度。加上水速的话，相对河岸，船的运动更快一些。船甚至不用划，顺着水漂下来，速度飞快。

至于李白能不能"千里江陵一日还"，即一天时间就能从白帝城抵达江陵，咱们分析一下：

从白帝城到江陵约 500 千米（1 000 里），一日行船时间按 12 小时计算，那么李白乘船的船速就是用 500 千米的路程除以 12 小时，理论上的速度 $v_理 \approx 42$ 千米 / 时。

古代的帆船静水中的航速最大约为 25 千米 / 时，小于上面需要的 42 千米 / 时。那么，李白是不是就做不到"千里江陵一日还"呢？不一定，别忘了李白是顺流而下，速度是船速加上水流速度。

假设长江水的流速是 $v_水$，那么李白行驶的船的速度是 25 千米 / 时 + $v_水$。李白若要"千里江陵一日还"需要满足 25 千米 / 时 + $v_水 \geq 42$ 千米 / 时，得出 $v_水 \geq 17$ 千米 / 时 =4.7 米 / 秒。

而据测量，长江水流速最大可达到 7 米 / 秒，满足李白的船所需要的水速。因此李白可以"千里江陵一日还"。

"加速度"是什么？

用速度来解释加速度，在单位时间内速度的变化量。或者换一个解释方法，它跟极限一样，等于瞬间的一个时间点上速度变化的趋势——要变大还是要变小，朝哪个方向变化。

例如，高级一点的车，从静止加速到百千米时速，也就是从 0 加速到 100 千米 / 时，可能需要 3 秒。普通一点的车，可能需要加速 10 秒。虽然它们最开始都是静止的，最后跑起来速度都一样，但这个过程中它们的运动状态肯定有所不同。而导致它们不同的核心所在，就是加速度。

这里，大家需要知道的是，决定车的加速度的值叫扭矩，决定速度极限的叫马力。现在很多人买车从来不看扭矩值，这是错误的。

为了帮助大家理解，我用特斯拉来举例。特斯拉就是典型的电动机扭矩极大，但是最大速度一般的类型。真在高速上比速度，法拉利的加速度可能追不上特斯拉，也就是说法拉利的加速过程慢一些，但法拉利跑起来，特斯拉肯定追不上，因为

特斯拉的极限速度小，功率小于法拉利。

毕竟，电动车很难跑到 200 千米 / 时；汽车好一点，能达到 250 千米的时速。这是因为电动机的功率低，同时质量又大，造成电动车的极限速度小。

你看载重汽车，功率都很小，没跑车大。也许你不相信，一辆跑车的功率，是一辆大 18 轮卡车的两倍，但跑车拉货肯定比不过大 18 轮。这就是因为后者的扭矩更大。

我上初中的时候，学校有辆特大的拖拉机，我特意扒着铭牌看了看，才 17 马力。拖拉机马力都很小，它跑不快，但扭矩大，能拉动大东西，甚至能拉着坦克走。

抛下一块石头就能算出枯井的深度吗？

我曾经看过一部动画片，记得其中有这样一个场景：他们一帮人走到一个枯井前面，有人说枯井深不见底，到底有多深？想要测量一下，没有尺子、没有绳子，什么也没有，就有一个石块。那么，一个石块，能不能测出枯井的深度呢？丢进去，开始计时。

这个时候，如果我们能算上声音的传播速度，测量结果就会变得更加精确；当然，声音的传播速度太快，也可以完全忽略。

但可能有朋友要说，没有秒表是不是就没办法计算。如果没有秒表，你也可以数脉搏。你的脉搏，如果一分钟跳 70 下，你可以跳一下当成一秒，或者当成一秒少一点，你可以做换算。

如果掉下去之后 5 秒，你听到了石块落地的声音，那么就可以通过这个时间来计算深度。

至于核心知识点，就是一个简单的公式：

$s=v_平 \times t=v_0t+1/2gt^2$

s 表示距离；$v_平$表示平均速度；t 表示时间；v_0 表示初速度，这里为 0；g 表示自由落体的加速度。

这里，$g=9.8$ 米每二次方秒，也可以取成 10 米每二次方秒。那么现在，你不妨将 5 秒的时间代入上述式子，来计算一下枯井的深度吧。

实际上，速度是推导出来的概念，速度等于路程除以时间。速度在时间上的积累是路程。只要有时间，有速度，积累着就会出现路程。如果物体由静止开始下落，加速度在时间上的积累就会形成速度，只要有加速度，随着时间的延长，速度就可以越来越快。所以说凡事都要靠积累，有了积累才会有质变。

tips

速度：表示物体运动的快慢程度，是矢量，有大小和方向。

瞬时速度：表示物体在某一时刻或经过某一位置时的速度。

加速度：速度变化量与发生这一变化所用时间的比值，是描述物体速度变化快慢的物理量。

朋友一样形影不离的万有引力

在地球上生活的我们，时时刻刻都要受到万有引力的影响。在生活的方方面面、点点滴滴中，也总能看到万有引力的影子。不管是跳跃还是飞翔，无论是气候变换还是万物生长，都和万有引力有着千丝万缕的联系。那么，你觉得万有引力是怎样的？你真的了解万有引力吗？万有引力对我们的生活有什么影响？下面我们就一起走进万有引力的世界。

你真的了解"万有引力"吗？

从历史贡献看，万有引力，让我们摆脱了神掌控我们的观念。毕竟，在古代的中西方，很多人信仰占星学、天人感应等。他们信仰天命，觉得星辰的运作，完全是上天的旨意。但随着万有引力的出现，人们开始意识到，宇宙并不是由神控制的，而是由自然规律决定的。并且这个客观规律能让人们认识到，它对整个人类都有极大的意义。

通过这一发现，人们开始更深入地探索万有引力。并且了解到，物理里的所有万有引力的理论、概念，其实只是一个模型、定义，它甚至可以说不存在。通过万有引力的理论或概念，有了对应的公式，套进去，就发现很巧合，物体的运动就是符合这个公式。不过，后来爱因斯坦的相对论比万有引力理论更加精确。可见，这些理论、概念都只是模型，就看哪个更准确。所以可以说，万有引力理论诞生的过程是一个发现的过程，而不是一个发明的过程。也就是说，牛顿发现了万有引力，而不是发明了万有引力。

和万有引力相似的，还有惯性力。在高中学物理的人，都说这个东西不存在。但是物理专业的人，再往上学，会发现有这个概念。相当于为了便于大家研究，创造出了这个概念。

　　我们甚至可以理解为万有引力就是一个工具，这个工具让人们理解很多问题。比如，为什么地球会围绕太阳转？为什么哈雷彗星76年会回归一次？为什么咱们看到的行星能够围绕恒星运动？为什么水总是往低处流？为什么物体上抛后总会落回地面？为什么地球总是围绕太阳转？等等。

　　这些问题，在此之前人们是解释不了的。甚至当时这些问题，很多时候会跟一些迷信、占卜挂上钩，但是现在，却找到了一个更加科学的概念——万有引力。

　　当然，这只是牛顿的理论，爱因斯坦则认为没有万有引力这回事，爱因斯坦坚信，物体之间的相互作用是不存在的。加上力的形成有一定的要求，既需要作用速度，又要求所有作用速度不能超过光速。

　　在这一限制条件下，咱们再来看万有引力，会发现无论这两个物体相距多远，哪怕是离我们一百亿光年的物体，只要给出引力，都是瞬时到达。

　　而且，如果你仔细研究，会发现万有引力这个公式，是没有体现出时间的。理论和事实都表明，如果太阳消失了，地球需要等8分多钟才能感受到太阳没了。但从公式上来看的话，太阳一消失，地球一下就感受到了，这显然是有问题的。

　　不过牛顿的万有引力理论，不只是简单地提出了一个观点，而且通过一套严密的计算和推理逻辑进行了验证。不仅很好地解释了各种天体的运行轨迹，还对各种天体的运行做出了准确的预测。

但是当我们认为牛顿的万有引力理论是"正确"的时候，他却在解释水星运动轨迹时，出现了"麻烦"。因为水星轨道的计算结果和实际观测结果不符，尽管偏差极小，但伟大的洞见往往就隐藏在小小的误差中。

这个"小小的误差"引起了爱因斯坦的注意，终于在他创立的"广义相对论"中把牛顿理论中的这个误差完美解释了。广义相对论告诉我们：牛顿的万有引力理论只是广义相对论的一个特殊情况，而物体间的相互吸引，是由物体的时空弯曲引起的，就好像一个物体把时空这个"拉紧的薄膜"压出一个凹陷，这会吸引薄膜上其他物体靠近这个凹陷。

广义相对论完全摒弃了"万有引力"的说法，更加精准地解释和预测了万有引力理论能够解释和预测的所有现象！

至此，我们可以说：是牛顿"发明"了万有引力，而不是"发现"了万有引力。因为，万有引力只是一种解释和预测物理现象的物理理论，还不够精确……爱因斯坦告诉我们，"万有引力"只是牛顿创造的概念，只是物体造成的时空弯曲的一种必然表现而已。

所以，万有引力，看你怎么解释，牛顿认为它是一种虚拟力。爱因斯坦却认为，质量导致时空弯曲，引力波就是这么来的。两个巨大的黑洞合体，瞬间导致巨量的质量发生变化，结果造成时空弯曲。

太阳在动，周围的时空也在不断被挤压，离太阳越近，空间被挤压后的曲率越大。由于太阳是动的，它切割过的空间，曲率在不断地动态变化，这种动态变化就以光速释放，这就是引力波。

但是这个引力波为什么我们检测不到呢？因为它的变化对地球来说太小了。如果是两个巨大的星体碰到一块，掀起时空弯曲的震荡，我们才能感受到。2017年三位科学家通过两个很长的激光干涉，探测到了它，拿到了诺贝尔物理学奖。

地球对月亮的引力大，还是太阳对月亮的引力大？

一般人理解，月亮围绕地球转，如果太阳对月亮的引力更大，月亮不就被太阳吸走了，为什么还会围绕地球转？真实情况是，太阳对月球的引力，比地球对月亮的引力还要大。月亮在围绕地球转的同时，也在围绕太阳转。也就是说，地月的共同质心（质量中心），都在围着太阳转。

事实上，如果从跳出太阳系的视角来看，地球可以认为是围绕着太阳转的，月球也是围绕着太阳转的，只不过围绕着太阳转的同时，也被地球的引力吸引了一下，围绕着地球打了个小旋儿。即使地球突然消失了，月球还是会围绕着太阳转圈。

咱们换一下进行比较，地球对月球的引力肯定大于木星对月球的引力，也大于火星对月球的引力，但小于太阳对月球的

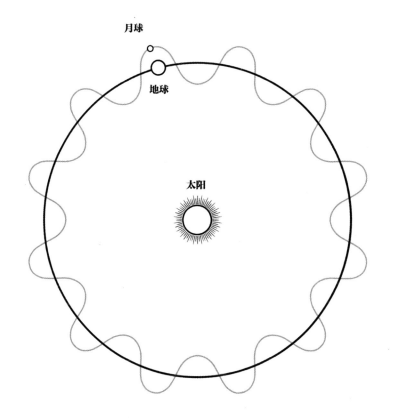

月球

地球

太阳

引力。

    读到这里我们发现，物理学发展史虽不是神话故事，却有着比神话故事更离奇和引人入胜的魔力。牛顿结束了神创论，爱因斯坦则以更大的手笔用广义相对论囊括了万有引力理论，对整个宇宙时空进行了更宏大、更精准的解释。

    然而这里不得不说，相对论也是有局限性的，比如它无法对原子、电子等小尺度粒子的行为进行解释。那么，有没有一个什么理论能把相对论囊括在内，对宇宙各种尺度的物理现象有一个更完美的解释呢？答案是，目前还没有。

地球同步卫星为什么不掉下来？

地球同步卫星，一直在我们头顶。对于多数卫星，我们会看到其一直在飞。三颗同步通信卫星，理论上几乎可以覆盖地球全部。那为什么地球同步卫星不掉下来？其实这跟月球为什么不掉到地球上、地球为什么没掉到太阳上是一个道理。因为地球对它的引力，恰好用来提供它围绕地球转圈所需要的力了，如果地球忽然没有了引力，它就会被甩出去了。其实它是在围绕着地球转圈的，和地球自转同步。

这里又引申出了一个问题，那就是，地球为什么会动？牛顿的解释是上帝踢了它一脚。在物理学上这叫初始扰动。这个扰动，能引起后边一系列的运动。

地球同步卫星相对人是静止的，它在跟着地球转，受到地球引力的影响。地球围绕太阳转，它当然也会受到太阳的影响，但是这种影响可以忽略不计。

就像咱们也受到太阳的引力，但太阳对咱们的引力一定是小于地球的。地球对卫星的引力，大于太阳对卫星的引力。但地球对月亮的引力，小于太阳对月亮的引力。

卫星在太空中不消耗能量，地球的引力和它的离心力保持协同平衡。如果你住在地球同步卫星上，往那儿一坐，拿个望远镜天天看着地球的方向，你会感觉看到的那块地方没有变化。你如果在地球上看到同步卫星上午在某个位置，那么下午还在这个位置，一直不动，其实它在很快地飘移，因为地球在转。所以，人类到太空是可能的，而且在太空运动不需要消耗能量，但是来回需要消耗能量。

人住在太空，没有重力怎么办？有一个大胆的猜想，让开发商在太空建一个大社区，让你住在几十平方千米的轮状太空城里。你住在房子里边，它转时你就有重力了。这样，人居住在太空中生活，也是有可能实现的。

飞得足够快，就能飞出太阳系吗？

现在，我国的航天事业蓬勃发展，载人航天工程已经处于世界领先水平。每当看到航天员飞往太空时，大家是不是心潮澎湃呢？在未来的某一天，我们是不是可以飞出太阳系，去更浩瀚的宇宙中遨游呢？

想搞清楚这个问题，大家得区分三个概念：第一宇宙速度、第二宇宙速度和第三宇宙速度。

第一宇宙速度，指的是物体在地面附近，绕地球做匀速圆周运动的速度，是7.9千米/秒，什么概念？就是1秒钟跑差不多8千米！

第二宇宙速度，指的是当物体（航天器）飞行速度达到11.2千米/秒时，就可以摆脱地球引力的束缚，飞离地球，不

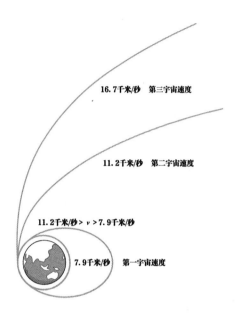

16.7千米/秒 第三宇宙速度

11.2千米/秒 第二宇宙速度

11.2千米/秒 > v > 7.9千米/秒

7.9千米/秒 第一宇宙速度

再绕地球运行。这个脱离地球引力的最小速度，就是第二宇宙速度。

第三宇宙速度，是指从地球起飞的航天器飞行速度达到16.7千米/秒时，无须后续加速就可以摆脱太阳引力的束缚，并且它会脱离太阳系进入更广袤的宇宙空间。这个从地球起飞脱离太阳系的最低飞行初速度就是第三宇宙速度。

具体应该怎么理解呢？

假设，你每秒跑7.9千米，就不能飞出地球，只能围着地球转。如果你的速度达到11.2千米/秒，就能飞出地球。你要想往金星上飞，往火星上飞，就得突破这个速度。如果你的速度能达到 16.7 千米 / 秒，那你就能脱离太阳的引力，可以进行星际远航，到太阳系外去遨游。

现实中，有没有飞出太阳系的先例呢？答案是有的！比如，美国的先驱者 10 号，用几十年时间，第一个飞出了太阳系。继先驱者 10 号之后，后面又发射了旅行者 1 号、2 号，也都飞出了太阳系。

好了，说完了第一宇宙速度、第二宇宙速度、第三宇宙速度，那有没有第四宇宙速度呢？说到第四宇宙速度，你得有个标准，比如你要飞出哪个星系？银河系目前来看是飞不出去的，因为银河系已经超过我们的认知。我们都不知道它的边界在哪里，又怎么能飞得出去？甚至连它的质心到底有多大，我们也算不出来。

人类下一个追求的目标，应该是能达到光速的百分之一或者百分之几，光速约是 30 万千米 / 秒。想要提升速度，还得靠能量的利用。比如可控核聚变。如果掌握了可控核聚变，完全可以达到非常大的速度。想要飞出太阳系，也许一个月的时间就够了。到那时候，星际远航就可以实现，人类就可以到另一个恒星系上去。

不过，目前我们能利用的宇宙能量，还是以发动机的形式产生。发动机要曲率驱动飞船，才有可能接近或达到光速。这种曲率驱动飞船，可以把后面的空间，也就是人类理解的时空，打个褶皱。相当于把时空打出褶皱之后，飞船就可以直接达到光速，一下就被推走了。那么，曲率驱动是不是真实存在的呢？答案是，目前它只是理论上存在。

如果人类能非常接近光速，甚至可以看到太阳系的灭亡，时间就不是极限了，因为接近光速后，外界看到飞船上的时间基本上就停止了，但是外面的时间却在哗哗地快速流动。离我们最近的恒星——比邻星，距我们 4.2 光年，光速飞船到它那儿都得 4 年多，但是这个时间只是住在星球上的人感受到的时间，飞船上的人觉得一眨眼就到了。

tips

万有引力：所有物体之间都会存在的一种力，跟物体的质量和距离有关。

火星：太阳系八大行星之一，绕太阳一周的时间是 687 天，以距离太阳由近及远的次序计是第四颗。由于它呈现红色，荧荧如火，亮度常有变化，故名火星。

正负电荷与电磁力

　　电磁力是正负电荷相互作用而产生的一种力，是一种常见的自然现象。最简单的就是，同性电荷相互排斥，异性电荷相互吸引。自然界中的绝大部分力，包括人和人之间，你给我一拳，我给你一脚，本质都属于电磁力。包括推力、摩擦力等，凡是我们生活中所看到的相互作用，比如压、拉、推、提等，其本质都是电磁力。

　　其他我们见不到的弱力和强力，它们只在微观领域存在。宏观世界所有的力中，万有引力基本上只在大尺度上起作用，其他的相互作用基本都是电磁力。例如，我给你一巴掌，我手掌的基本粒子的电荷和打到你身上的电荷产生排斥，这个斥力就出现了。所以，你觉得疼，我的手也觉得疼。

　　说到电磁，军事上有电磁弹射系统，它用于航母上舰载机的起飞。蒸汽弹射系统很容易，但电磁弹射系统就很难，难在要存储大量的能量，还要瞬间把它释放出来。能量的控制很重要，如果人类能够在能量的利用和控制上有一个飞跃，那么人类的整体科技、生活水平就会有一个飞跃。

为什么手机要追求极致的生产工艺？就是为了降低能耗，因为电池能量有限。为什么电动车到现在无法取代燃油车？也是电池的缺陷。即便航母上装满电池，也推动不了电磁传输系统，所以它一般使用电容。

说到这儿，电磁力到底是什么？从底层的角度来考虑，力可以分成弱相互作用力、强相互作用力、万有引力、电磁力四大基本力。

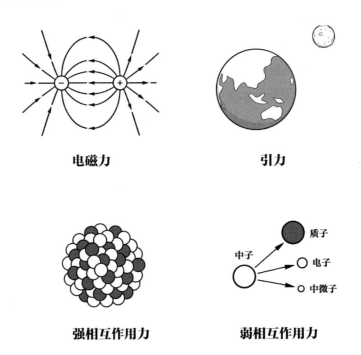

电磁力　　　　　　　　　　引力

强相互作用力　　　　弱相互作用力

弱相互作用力、强相互作用力，是微观领域的，也就是原子核内的力，我们基本接触不到，或者得研究到高能物理时才会涉及；引力就是牛顿提出的万有引力；其他的就是电磁力，比如一个氧原子变成离子，和另外一个电荷接触，就会有吸引或排斥反应。有些不带电的，比如两个分子都不带电，但这两个分子因为存在极性，也会有排斥或吸引反应，这个力也是电磁力。

分子跟分子之间，有一个奇怪的现象。达到一定的距离，就平衡了，这时两个分子之间没力，或表现出没有力，但是你稍微拉远一点，就会吸引，表现为引力；再近一些，表现为斥力，分子之间都是如此。

就像人跟人相处一样，关系原来很远，但由于相互感兴趣可能就会互相靠近，但关系走得太近反而可能会发生矛盾，又开始互相排斥。无论是分子间作用力还是化学键，都有这个特性。

关于电磁力，其实还有很多有趣的现象和问题，下面我们就一起来看一看吧！

推椅子的力，为什么是电磁力？

咱们推椅子、推桌子，它到底是什么力？你仔细考虑一下，我们手掌上的分子跟桌面分子，到底有没有完全接触？事实上，分子跟分子之间是不可能完全接触的，两个分子之间的距离近到一定程度，就会产生非常大的斥力。

所以，真实情况是，我们去触碰桌子，其实你并没有摸到桌子，只是你的感官系统让你觉得你摸到了。事实上，由于分子之间的斥力作用，两个分子是无法完全接触的，因此你跟桌子之间永远有一个微小的缝隙。包括你坐的椅子，你能感受到力，也是因为电荷之间的斥力，已经大到让你感受到了。

肯定有人会反驳我："我有触感啊！"其实这个触感，就像是你拿着一个磁铁，用这个磁铁的正极去靠近另一个磁铁的正极，这个时候斥力就产生了，你就会感觉到这个斥力，但两个磁铁并没有接触。

所以，只要你使劲，就意味着你手掌的分子跟桌面的分子要靠近。靠得越近，斥力越大。最终因为分子间的排斥力，把桌子排斥了。

到了金属这里，因为金属之间的电子流动性很大。两块磨得特别光滑的铁块、铅块，一撞，就像两个磁铁吸在一起，你还很难拉开。它们也是分子之间的受力平衡状态，并没有真正在一起。

当它的原子真的彻底挤在一起，原子周围的电子也被挤出去的时候，就变成了超固态。在超固态的状态下，一个黄豆粒，就可以达到几万吨。这在前面咱们就已经讲过。超固态在地球上是不存在的。

在超固态的状态下，把电子挤进原子核，就变成了中子态。

相当于，全是中子结合在了一起，这个时候，中子之间几乎没有缝隙了，一个小指甲盖儿就可以达到上亿吨。

这是什么原理呢？你可以想象一下，原子相当于房子，原子核相当于乒乓球，等于把房子挤到乒乓球大小，密度会提高。因为原子主要的质量集中在原子核上。所以，原子的重量，最重的就是原子核里面的东西，电子的质量是极其小的。当然，到了超固态和中子态，就不再只有电磁力了，还有其他类型的力。

其实，原子更像一个大操场，操场是空的，中间放了一个乒乓球，电子就像灰尘一样围着操场飞。也就是整个原子，像操场这样空旷，主要的质量在中间那个乒乓球里。

大气压到底有多大？

一个大气压相当于，在指甲盖儿大小的面积上，我们就得承受一千克物体产生的压力。而我们人的身体，因为表面积很大，估计得承受上万千克的压力。可以说，我们人体现在的结构，就是为了跟上万千克的压力抗衡。

是不是觉得不可思议？其实我们简单算一下手掌正在承受的大气压力，就能知道个大概。

假设大气压强是 10^5 帕斯卡，而手面的面积约为 100 平方厘米，由公式：压力（F）＝压强（p）×面积（S），就可以算出空气对手面的压力约为 1 000N，相当于 100 千克的胖子的重力。

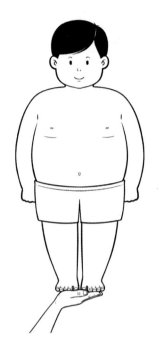

也就是说，你的手掌正在承受一个胖子的体重！

这就是为什么人一到真空就受不了的原因。毕竟你现在要承受的几百千克的外力没有了，你的身体反而会不适应了。

至于大气中为什么存在气压，宏观理解是因为空气受到重力，微观理解就是空气的分子在不停运动。如果地球完全失去了引力，空气就跑了，就不会产生气压；正因为地球有引力，才会把空气往地球拽，从而使其内部产生了压强。微观上呢，压强就来自空气分子间的撞击，这在前面咱们已经讲过。

有人肯定会好奇，别的星球是否也存在气压？

根据已知的情况，金星的大气比地球要稠密很多倍，主要成分是二氧化碳。所以有人怀疑，金星经历过繁盛的文明时期，存在过生物。还有人说，以后地球会不停地后退，金星最终会取代我们现在的这个位置……反正，金星上的大气压比地球上的大气压大多了，人体根本无法承受。

但我觉得，理论上行星都在远离太阳。太阳的质量在不断地减小，这也会导致对行星的引力越来越小。事实上，地球也在以每年大概几厘米的速度远离太阳，整个宇宙都在互相远离。包括月亮，每年正以一定的速度远离地球。

说了半天气压，我们来聊聊它和电磁力有什么关系。大家想象一下，因为有引力吸着大气，我们才会感觉到挤压，感受到大气压。从微观的角度，它就像一盘豆子往下倒，打在盘子上，盘子就会受到压力。所以，有了撞击就会有气压，而这种撞击力就是电磁力，所以没有电磁力，气压就不存在了。

气压大小对人体有多大影响？

我们每天都生活在气压之下，它无时无刻不在我们身边，以至于很多人都忽视了气压对我们的影响。实际上，气压对我们人体有非常大的影响。气压的变化首先会造成身体的不适应，其次会造成环境的改变，这里我们通过几个小例子来逐一说明。

第一，水面——潜水员的不良反应。

大家都知道，我们长期生活在大气压下，身体结构已经进化到很适应这种气压了。一旦离开这种环境，我们就会非常不适应。

据相关记载，1867 年，潜水艇驾驶员朱利尔斯，在潜艇实验中突发疾病丧生，而在此之前朱利尔斯健康状况良好。此外，一些早期的潜水员，回到水面上后也会患上一些关节痛、呼吸困难甚至言语缺失等症状。

这是因为，在深水中作业的潜水员处于高气压下，空气中的氮气会渗透进血液。

如果潜水员很快上浮，会由于体外气压骤降，使原先融入血液中的氮气变成气泡，堵塞血管，让人产生各种病理反应，甚至危及生命。因此，现在在深水中长时间工作的潜水员出水前须在加压舱中缓慢减压，使融入血液中的氮气缓慢排出体外。

第二，地面——身体出现损伤。

人如果一直在常压环境下生活，到了高压和低压环境，都会产生瞬间不适。除非经过几百万年的进化，才能适应这种新环境。想要瞬间适应，肯定是不行的。

这也是人会有高原反应的原因。大气压减小，造成渗入血液里面的氧气浓度变低，所以会缺氧，甚至有了一系列高原反应。

据相关记载，1841年，一位采矿工程师发现，很多煤矿工人从很深的隧道里出来后经常会出现肌肉抽搐和疼痛的症状，当时并不知道是什么原因导致的，有迷信的说法认为这是离地狱太近了。其实，这就是气压的问题。

当然，它的危害还不止于此。打雷的时候，你要么张嘴，要么把嘴闭上，捂上耳朵。因为嘴里面有个咽鼓管，是跟耳道连在一起的，如果你喉咙发炎，你也可能患上中耳炎。打雷的时候张开嘴，相当于咽喉和里面的耳朵就通了，两边气压就达成了平衡。

而你一旦闭嘴，外面的声音非常大，外面的声压，通过空气振动，就会把耳膜给震破。如果你捂上耳朵，张开嘴，打雷的声音可能从嘴里进去，把耳膜从里面往外给顶破。

第三，高空——不可逆的危害。

像耳朵流血，也是因为耳朵跟外界空气不连通，因为一旦连通，就没法听到声音。耳朵内部的气压与外界的大气压一直处于平衡状态，一旦你往高处走，耳膜里边的气压，就会把耳膜往外顶，严重时会把耳膜鼓破。所以，为什么说第一批飞行员，是两只耳朵流着血下的飞机。

此外，气压到最低，达到真空状态，人突然暴露在真空中，气压下降太快，你的整个血液，哗地一下就沸腾，也就是完全没有气压，人就自爆了；气压下降很慢，也就是缓慢抽真空，体内的各种体液都会缓慢地流失。

第四，环境——出现巨大变化。

为了帮助大家理解，我想用天然氧吧来引入。如果氧吧的氧气浓度过高会导致中毒，甚至失明。你把小孩儿搁在氧气罩里，他的眼睛就会失明。因为氧气有极强的氧化性。所以，我们经常看到，医院里面病人吸的氧，并不是纯氧。

除了中毒，含氧量如果高几个百分点，地球上就会出现很多怪物：一米多的大蚊子，三米长的蜻蜓、大虫子，大的爬行动物。这在远古时代是有的，为什么远古时代的动物那么大？因为那个时候氧气含量比较高，能够支持那种生活。

在氧含量高的环境下，你会发现，低等的大型怪物很多，哺乳动物却异常的小。因为在低氧环境，哺乳动物长得比较大，虫子长得比较小。在高氧环境，则与之相反。你可以想象，我们到了一个虫子特别大，马跟狗一样大的世界。过去的恐龙时代，大概就是这样的高氧环境。

大家需要注意的是，一方面，气压主要是地球的引力决定的，只要地球的质量比较恒定，它的大气压强大概就能保持在一个稳定状态；另一方面，大气是由很多种气体物质组成的，它的成分，从远古时期以来也一直在发生变化。生物大灭绝，都是环境突然巨变，大部分生命无法适应造成的。

秋高气爽的日子里或低海拔处，人就会呼吸顺畅。这是因为气压较高，空气中的氧气，能够比较顺利地通过肺泡渗入动脉血液中。而在闷热的日子里或高海拔处，气压较低，氧气不易进入血液，人就会因缺氧而感到胸闷气急。

总之，有电荷的存在，自然就有电磁力的存在。所以，宏观上，所有我们能看到的力，除了引力，都是电磁力的宏观表现。本质上，包括物体之间的碰撞、摩擦、运动等，都是分子之间的吸引力和排斥力的宏观表现。

tips

　　电磁力：由于正负电荷的存在，产生的一种相互作用的自然现象。最简单的就是同性电荷相互排斥，异种电荷相互吸引。
　　大气压强：大气对处在它里面的物体产生的压强。

选对参照物，简化运动描述

　　学习物理，我们能掌握相对运动、引力等。我们希望在未来通过一个现象，就能预测物体怎么运动，并将其描述出来。对运动的研究，往往需要一个参照物。选择的参照物不同，相应的运动描述也不同。所以，我们可以通过选择参照物，简化研究过程。

　　举个例子，数学中，有一个数轴，a 点在 0，b 点在 4，p 点在 10。如果一个点到另外两个点的距离之和等于 8，则这个点是另外两个点的幸福中心。这时 a、b 点，同时以每秒一个单位向左移动，p 点以每秒两个单位向左移动。问这个时候会出现几次幸福中心状态？

　　这就是相对运动，想要简化，一定要把原来的数轴忘掉，以 a、b 为静止。这时，再问 p 点在每个时刻分别运动到哪个位置。总之，运动永远是相对的，要忘记相同看差异。

条件是相对于地面,就要把地面忘掉。以 a、b 为参照物,让 a、b 静止,就 p 一个点运动,再求时间。你到底有没有运动,取决于你以什么为参照物,我坐在这里,你坐在正对面,就是没有相对运动。

再比如,我带三岁多的孩子去坐飞机。飞机上,孩子问我:"爸爸,飞机不是特别快吗?咱们怎么不动了?"尤其飞到天上往外看,基本上云在上面就"不动"了,你感觉不到云在运动。

可见,对运动的正确描述和理解,参照物发挥着重要的作用。在运动的描述中,还有很多有趣的现象,我们一起去看一看吧!

从比萨斜塔上落下的大小两个铁球,为什么会同时落地?

亚里士多德认为,大小两个铁球同时抛下,大的铁球肯定先落地。

但亚里士多德应该没有实验,他的这句话指的是,一大一小两个物体同时下落,按照正常人的思维,肯定重的下落得更快。比如石块明显比羽毛下落得快。但他忽视了一点,一个 100 千克的物品和一个 10 千克的物品,从同样的高度掉下来,差不多会同时着地,这是个生活常识。虽然会有浮力,但浮力跟重量比,差距比较大,影响没那么明显。

这又衍生出另一个问题,需不需要考虑空气的影响?如果不考虑，两个铁球下落，只有地球对两个铁球的引力作用。这时，地球对大球的引力更大，对小球的引力更小。

一般来说，质量越大，惯性越大，想改变物体的运动状态，就需要用到更大的力。

正因为大球质量大，所以，想要改变它的运动状态就会变得很难。同理，货车在路上，即使你加大油门，它的起步速度也非常慢。但小汽车，可能一个胖子就能很快推起来。因为质量越大，惯性越大。需要注意的是，这里的惯性，指的是保持原来运动状态的性质。

牛顿让我们了解到，自然的本质是"惰性"，你想让它动起来，或者动起来之后，你想让它停下来，都非常困难。

回到两个铁球落地的讨论上，大球的质量更大，想要改变它的运动状态、让它从静止到运动，是非常困难的。除非，大球受到地球更大的引力，才能让它下落得和小球一样快。

同理，把一瓶水、一个橘子比作一个大球、一个小球。正常情况下，我一个小指头，可以让橘子轻松加速起来，但到了瓶子这里，却需要用很大的力，才能把它以同样的速度，给加速起来。

那么两个铁球可能同时落地吗？为帮助大家更好地理解，咱们还是要使用更严格的说法。引力和质量的一次方成正比，惯性的大小，也和质量的一次方成正比。这个时候，虽然质量大，运动状态改变起来困难，但是物体如果受到的引力也大，这样一综合，就可能抵消掉了。

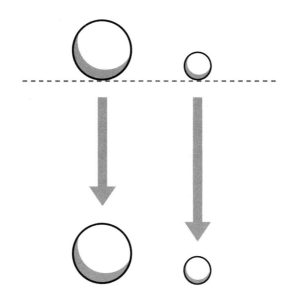

　　其实，这里我们是忽略掉了空气的阻力的。一般情况下，物体的速度越大，受到的阻力就越大，空气里就是这样，尽管不明显。如果换到水里，水的阻力跟速度成正比。在水里面，你越想跑得快，难度越大。

　　用动车举例，日本、法国基本跑到 300 千米 / 时就不跑了，但我国动车组"复兴号"，却强调要跑到 350 千米 / 时。这一提速引来大量的争议，因为跑 350 千米 / 时的能耗，需要在跑 300 千米 / 时的基础值上翻一倍。相当于提速 50 千米，能耗就翻倍了。这是因为，动车受到的空气阻力，跟速度的平方成正比。

而 350 的平方和 300 的平方，你一算，就会发现它们之间差得非常多。

所以，回到我们的问题，大小两个铁球同时下落，为什么会同时落地？因为虽然大球质量大，导致大球比较难运动起来，但地球对大球的引力更大。质量和引力这两项，恰好一抵消，刚好可以使大球和小球以同样的速度下落。

正因如此，在不考虑空气阻力的情况下，两个铁球能够同时落地。并且，空气阻力对它们的影响也是极小的。

你如果掉进了"地球隧道"，会从地球另一端出来吗？

设想一下，你从北极打个洞，直接打到南极。然后，你通过"地球隧道"，从一端掉到了另一端，然后你再从另一端返回。这个时候，如果不受空气阻力，你会来回摆动。如果有空气阻力，你最后会停在地心不动了。

因为在洞口你受到地心引力的影响，你往下掉，动能就会改变。相当于，你从静止到加速，具备了极大的动能。这是由你站在井口相对于地心的势能转化的，等到地心，你的势能为0，动能恰好达到最大值。而这个动能，就会支持你继续往前走，直到彻底转化成在另一端洞口的势能。

这其实就是一个动能、势能转换的问题。跟弹球似的，如果它能量不消耗，正好也会弹回到原来的高度。

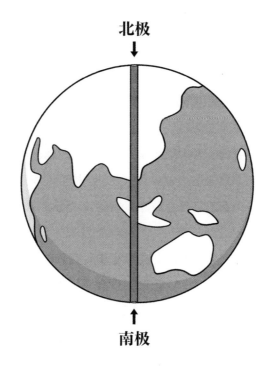

北极

南极

　　好比你在桌上固定一根针，然后拿个皮筋，一端系在绳上，另一端拉个橘子。拉到一定的长度放开，橘子要往针的方向跑。跑过去之后，假设这个针是虚拟的，不会挡橘子，它就会继续往前跑。跑到同样的长度，跑不动了，又会被拉住，就这样来回跑。

　　说到这里，我想到，苏联曾经打过一个上万米深的洞，足足有 12 千米，却连地球表皮都没打通。正常情况下，再往下就是地幔、地核。

特别是到了地核，都是那种高压高温的铁等物质。到这种程度，基本上这个洞就打不下去了，加上周围的高温、高压、高浓度，人到那个温度，连气态都不经过，瞬间就变成离子态了。而且，地核很有可能是超固态，是铁原子核挤在一起的形态。

理论上我们若要穿越地幔，就得找到比地核里密度更高的物质，用来修建通道，再给它加一层防护膜。理论上也是可以穿过去的，但穿的过程，最好不要碰到任何墙壁，碰一下估计你就没了。

过去之后，你在地球上挖了这么大一个洞，有可能还会影响地球的自转。不过，估计这种影响也不是特别大。毕竟，地球太大了，你那个洞顶多像一个针孔。

如果太阳突然消失了，地球会怎么运动？

我孩子三岁多上幼儿园的时候，幼儿园让准备个节目，讲太阳系八大行星。我说太阳大概有 100 亿年的寿命，现在已经过了 45 亿年，还能再稳定燃烧 40 亿～ 50 亿年。

孩子就问，40 亿～ 50 亿年以后怎么办？我说，太阳会变成红巨星。先扩大到我们地球的位置，连地球都会穿过，然后再坍缩。孩子特担心，说太阳爆炸了之后，自家的房子就没了，急哭了。

这些问题，我们现在考虑都有些杞人忧天，人类也许根本活不到那个时候。但是，这并不妨碍我们去想象，去探索，去学习。

如果太阳真的突然消失了，地球会飞出去。因为物体都有惯性，好比这有一根绳子，系了一个球在转，突然绳子断了，相当于绳子的拉力，就是太阳对地球的引力，突然没了，球就飞出去了。如果是地球飞出了太阳系，这个时候，地球既有的热量会不断散失，最终冻成一个大冰坨子。

当然，地球不会立即冻成大冰坨子，它得经过8分多才反应过来太阳没了。关于这点，从中学学到的知识中，我们会认为引力应该是瞬间就消失了。但从现代物理学来看，它不会瞬间被感知到。这种感觉就是，明明太阳已经没了，但这边你还能看到太阳。

而且，现在地球上所有的能量都是太阳给的。地心，也是有热量的，不过，地心的热量来自太阳系刚形成的时候，是一些非常热的物质。这些物质，不会因为太阳的消失而消失。

像我们熟悉的木星，它从太阳那里得到的热量，远没有它往外散发的热量多。因为木星内部有少许的聚变反应，跟太阳是一样的。它本身能产生热量，只是因为个头太小了，所以点不着。如果木星再大点，可能就点着了，就能跟太阳一样发光发热了。

顺便说一下，如果太阳没了，地球被甩出去了，人是不会感受到那种飞出来的感觉的。地球虽然在围绕太阳转圈，但是转圈的这个路径，本来几乎就是直线，因为太阳实在是太大了。

　　总之，学了相对运动、引力等知识，能够预测物体怎么运动，或者解释物体会怎么运动或者要怎么运动，这点非常重要。相当于你学了一些物理原理，看到一些新现象，能够对它做出解释和预测，这也是学物理的核心素养。

tips

　　运动：物体的位置不断变化的现象。

　　惯性：物体保持原来运动状态的性质，也可以理解为物体都"懒得动"。物体的质量越大，惯性越大。

物理上的相互作用

　　力的作用是相互的，有作用力，一定有反作用力。牛顿第三定律是最普遍的，目前还没找到案例来进行推翻，但第三定律不可能单独存在。第三定律是讲物体间的相互作用，一定得有两个物体。所以不理解相互作用，就无法理解力。

　　你可以想象，人跟人之间，我瞅你一眼，你瞅我一眼，这不叫相互作用，咱俩之间没有力。或者说他是人跟人的作用，但不是物理上的相互作用。

　　物理的相互作用，一定是，如果 A 物体吸引 B 物体，那么，B 物体一定吸引 A 物体；A 物体排斥 B 物体，那么，B 物体也一定排斥 A 物体，它们中间有相互作用的关系。

　　这跟人比较像，量子力学的不确定原理，解释了人的意识。平行宁宙论，就是由量子力学的观念引中出来的，因为每一刻的不确定，诞生了无数个平行宇宙。

比如，我下一秒要不要喝这杯水，谁也不知道，不同的平行宇宙里可能有不同的结果。又如，我们一群人在公司开会，有个同事刚离开，可能在平行宇宙里，他刚没出去，而且还在公司跟我们聊天。另一个刚出差的同事，也没有出差，也在公司跟我们聊天。甚至还在开会的同事，在平行宇宙里，可能已经去世了，都有可能。

或者，我们老说心想事成。也许，在平行宇宙里，你想实现的一切都实现了，虽然在当下的宇宙，你的某些梦想还没有实现。相互作用其实就是简单的力。而平行宇宙之间，则可能是更高级的相互作用。

对相互作用的理解，有时很难，有时又很简单，我们看看下面几个问题，从实例中去发现相互作用是如何体现的吧！

为什么"豪克"号会撞向"奥林匹克"号？

1912 年秋，万吨巨轮"奥林匹克"号正行驶在大西洋上。不知何时，一艘不大的"豪克"号巡洋舰出现在"奥林匹克"号右侧近 100 米处。过了一会儿，"豪克"号加快速度，两只船成了平行前进的状态。

突然，"豪克"号仿佛着了魔，扭转船头向"奥林匹克"号撞去。"豪克"号船长为防止撞船，尽全力拼命扳舵，仍无济于事。"砰"的一声巨响，"豪克"号将"奥林匹克"号的侧面撞出了一个大窟窿。

　　海事法庭判决"豪克"号船长犯有驾驶失误罪，将他关进了监狱。几年后，一些科学家指出："豪克"号船长不是故意犯罪，应当予以释放。

　　通过科学家的一番解释，法院终于释放了"豪克"号船长，并为他恢复了名誉。因为，在行驶过程中，"豪克"号船长是身不由己的，他当时是被水"压向"了"奥林匹克"号。

　　你是不是对这一解释感到非常疑惑，怎么会被水压到另外一艘船上呢？我们想象一下，当"奥林匹克"号行驶在海面上，它是不是会带动周边的海水流动起来？这个时候，流体中的流动速度越大，压强就会越小。

　　也就是在"豪克"号并行靠近"奥林匹克"号的时候，"豪克"号的左、右两边会形成压强差。在这一压强差的影响下，海水就把"豪克"号压向"奥林匹克"号。这时"豪克"号船长拼命扳舵，仍然无济于事，最终撞向"奥林匹克"号。

　　如果你看过航空母舰编队，就会发现，驱逐舰一般距离航空母舰较远。它们之间，不会并行贴近前行。这是为了防止海水因速度不同，产生的压强差对舰船造成影响。

所以，通过这一事件，我们就得出了一个结论，那就是，千万不要靠近大船！否则，你会被大船吸走、撞向它；同理，大车在高速上行驶，你如果开着小车路过，一定要躲远点。否则，只要大车开得特快，小车很容易被卷进大车里面。

这个原理就是，能流动的液体或气体速度越大，旁边的物体越容易被液体或气体给推走，推向流速大的地方。也就是说，压力减小的地方，有东西走了，需要别的东西来填补。

你看高铁站台上都会画一道黄线，不是怕人掉下去，是怕把人吸进去。高铁能把空气瞬间推开，理论上等于创造了一个小真空，周围的空气就会填补进来，就会把人往里吸，这就是物理学上的一种压力。

船员为什么害怕从船底冒出的气泡？

如果船员看到船底咕噜咕噜冒泡了，他们下意识就得赶紧把船给开跑，远离气泡。无论气泡是在船外面还是在船底下，只要在附近，都很危险，必须赶紧跑。伴随着气泡的增加，船可能会遭遇侧翻、下沉。毕竟，船是靠水的浮力托着，全是气泡，意味着会失去平衡。

只要大海中某区域存在大量气泡，这一区域的海水会因为气泡的存在，而导致平均密度减小。我们知道，当物体的平均密度大于液体的密度时，物体在液体中就会下沉，比如石块的密度比水大，掉水里会下沉；而木头掉水里会漂浮，就是因为木头的密度比水小。因此当这一区域的海水，平均密度减小到小于船只的平均密度时，船只就会下沉。

再加上，冒出的气泡里面很可能是甲烷。尤其是地底，里面有很多腐烂的植物、动物，它们被分解成甲烷。你到死水湖，拿个棍子一戳，噗噗噗，一直冒泡泡。这些气泡都是可以被点燃的，所以，相当危险。

这也是为什么，科学家明明在海底检测到了很多的可燃冰，却迟迟不开采。可燃冰只有在低温、高压状态下，才能形成和稳定存在。一旦升温或者压强降低，可燃冰就会分解出大量的甲烷气体。

据悉，1升的可燃冰大约可以分解出168升的甲烷气体！也就是说，海底不太大的一块可燃冰，也可以分解出大量的甲烷气体，形成大量的气泡浮出水面。

另外，甲烷的温室效应极强，据说某些环保组织建议主要的牧业国，也就是养牛的国家，给牛戴屁罩。因为牛放屁，主要放的是甲烷，也就意味着，牛会排出大量的温室气体。

另外，有人说恐龙之所以灭绝，可能是被自己的屁害的，它们要吃大量的植物，植物在肚子里消化，会变成气体排出。它们放屁太多，温室效应太严重，恐龙就灭绝了。虽然看起来有些荒诞，但这种可能性不是不存在，大家可以一起去探索真正的答案！

猛地刹车，车上的人为什么会往前倒？

大家应该都有相同的经历，在坐公交车时，如果司机猛地刹车，人就会不由自主地往前倒。这里面蕴含着什么物理知识呢？

以地面为参照物，人是往前运动的，在刹车时由于惯性是停不下来的。但事实上，车已经停了。这时，如果我们是站着的，车通过摩擦力使我们的脚跟着停了，而我们的上半身由于惯性继续往前，就会让我们往前倾。

想象一下，一个人往前走，怎么才能停？靠下面的摩擦力，慢慢停下来。如果有个人忽然拉住你的两只脚，你的脚停住了，但上边由于惯性还没停，这个时候你就很容易摔跤。

如果你坐车的时候，司机猛地一刹车，你正好蹦起来了。落下的时候，就相当于在往前飞，你甚至可能会飞出去。要知道，运动的时候你跳起来，惯性是不会消失的。哪怕车已经停了，速度已经减小了，这种惯性依然存在。

如果我们把场景换到了飞机上，你会发现，在飞机里面，你跳起来或者倒水都没有问题，扔个球，最后还是会落在你手里。因为飞机在匀速飞行，你身上的任何东西，包括你自己，也在匀速运动。但是如果飞机运动状态忽然改变，就不一样了。

我之前坐飞机，最危险的一次，就是遇到了飞机对流。飞机瞬间从空中往下掉了几十米的高度，要是没系安全带，人早就飞起来了。

回到问题，猛地刹车的时候，为什么会往前倒？因为车在走的时候，你整个身体都往前走，等于有一个速度，当下面有一个东西，把你的脚给挡停了，但你上半身什么都没挡，就不会停下来，会继续往前、倒下。

往前走路时，地面给你向前的摩擦还是向后的摩擦？

往前走路的时候，肯定会往后蹬地，地面给的力一定是往前。更直观一些，助跑器，你蹬它，你以为它给你往前推，事实上它给你往前、往上推。蹬地也是，你得斜着往斜后面蹬。

往前这个方向的分力，会支持你往前走，这个就是你受到的向前的摩擦力。而正常情况下，往上的力，一般是用来支持你自身的重力。如果你蹬的劲儿大了，超过你的重力了，人走急了、走快了，就一颠一颠地，跳起来了。跑步最明显，人都是一蹿一蹿的。

另外，说到相互作用，摩擦很重要。没有摩擦，世界不可想象，衣服都穿不上，只能每个人都在衣服上挖个洞，让头钻进去。什么裤腰带、背带，没有摩擦力，就全都散开了，系不上了。

甚至于，你连杯子、水果，全拿不起来。走路也甭走了，大家都坐小滑车。下去之后你爬不起来，每个人都坐着，生物就进化了。没有摩擦，人最终可能进化成软体生物，滑来滑去的，不用站起来。

总之，物理学定义力就是物体之间的相互作用，它离不开两个物体。以人为什么会绊倒为例，它就跟地面，跟阻碍有关系。同样地，刹车时人为什么能倒下来，也是因为车和人之间产生了摩擦。知道了这些，对生活中那些简单的现象，你就会有更深的认知和理解。

而且，这其实不只是物理问题，本质还是哲学问题。比如，力为什么会成对作用？因为我们定义的就是物体间的相互作用，只有两个物体才会产生力，一个物体是无法出现力的。

物理、数学玩到最后，基本都是各种思想。到了这个程度，只靠解题套路，是到不了学霸的高度的。题永远做不完，但数学思想是有限的。我们可以用有限的数学思想，来解决无限的问题。

像我们已知的，物理提出的相互作用力，就是非常简单的模型，就可以解释气泡为什么会掀翻船、刹车时人为什么会往前倒、走路的时候受到哪个方向的力等一大堆不同的现象。如果没有引入相互作用的概念，你可能对每个现象，都要做一个解释。

tips

相互作用：物体间的相互作用就是力，它们是万有引力、电磁力、强相互作用力和弱相互作用力，自然万物都是由这四种自然力构建起来的。

摩擦：物体和物体紧密接触，来回移动时产生的阻碍相对运动的作用力的现象。

第 三 章

声光和电磁

声音是什么

提到声音，不得不提声、光和电磁，它们放在一起，有一个明显的共性，就是波动性。那既然提到波动性，到底什么是波呢？这个波就是各种粒子按照某种规则，呈现出的集体行为。

好比走队列，如果散漫着走，就会没有规则；如果按照某种约定来行进，就会排成各行各列。微小粒子也一样，它们在规范中形成了波，并且排成一种形式。

这么解释可能还不够完善，如果你想更好地理解波，可以去查几个概念，比如，频率、波长、波速。一般光波、电磁波说起来比较简单，它们是一种东西。抖动的绳子、波动的水，都属于波，也有波速，只是不同的波速度不是很固定。

声波、电磁波在不同的介质里，呈现出来的速度也是不同的。所以，需要给我们平常说的光速，限制一个范围，那就是真空。

为什么这里要花那么大篇幅去解释波是什么呢？因为声波是声音传递的一种形式，咱们平时听到的声音是由于空气振动产生的声波。不过，你在真空中是听不见声音的，比如，你去到月球上，无论别人怎么朝你喊，你都听不见，因为没有空气。

也正因为声音是由物体的振动引起的，所以，想要有声音，除了发声，还要有介质，并且要带上你的耳朵，否则你什么也听不见。

当然，生活中也有一些声波，是人听不到，但别的生物能够听到的。比如，猫就能感受到我们感受不到的声音。它和蝙蝠都能听到超声波，我们却听不到。

高频振动、低频振动，我们不一定能感知得到。

原来我们以为声音越纯粹、越精确，听起来越好听，比如高保真音乐。

后来发现不是这样的。很多高级的音乐设备，是电子管的，这些电子管其实并不精确，一旦它过于精确了，你会发现没有味道了。为什么？因为电子管泛音比较多，人听起来特别悦耳。但如果只有基音，缺少泛音，你又会觉得声音很干涩。

那你肯定又会疑惑，泛音是啥？泛音就是你弹琴或者弹古筝，手指头刚点到弦就松开时发出来的声音，有一些闷，但很悠长；基音就没有那种悠长的声音。乐音，就是振动规则、听着悦耳、波形比较规整的音；噪声就是不规则、杂乱无章的音。

在各种声音中，我们比较喜欢白噪声，这是因为白噪声声音比较小，并不规则，但却能让我们安静下来。

关于声音的基础知识，大家应该已经掌握了不少。接下来，咱们一起走进声音的世界，去做更多的探索吧！

有振动就一定有声音吗？

你现在把手指放在喉结处，朗读下面三个字：我真棒！怎么样，有没有感觉到喉结的振动？没错，正是这个振动发出了声音。另外，不知道你有没有观察过蜜蜂的飞行，它能发出嗡嗡声，但它没有声带。所以，这个声音只能来自翅膀及其附近部位的振动。此外，大家常见的振动的橡皮筋、振动的大鼓，都能发出各种不同的声音。

说到这儿，你发现没，声音是由物体的振动引起的。这种振动在空气中以声波的形式传播，传到人耳时就能被听到了。但你是否会好奇，是不是振动的物体都能发声？答案是否定的，像蝴蝶，它扇翅膀的声音，你应该从来没有听到过吧？

但同样是小生物，蜜蜂的声音你就能听到。那蝴蝶扇翅膀和蜜蜂扇翅膀有什么区别呢？聪明的朋友可能想到了，它们振动翅膀的快慢不同。蝴蝶 1 秒振动翅膀的次数在 10 次左右，而蜜蜂 1 秒钟振动翅膀的次数可达 400 次！

物理学把每秒振动的次数叫作频率，单位是 Hz。蝴蝶的振动频率约为 10Hz，蜜蜂的振动频率约为 400Hz。

我们能够听到的声音，跟物体振动的快慢即频率紧密相关。20Hz ~ 20 000Hz 振动频率的声音人可以听到，超过或者低于这个范围，人都无法听到了。所以，这就是为什么，我们听不到蝴蝶振动翅膀的声音，却可以听到蜜蜂振动翅膀的声音。

总之，有声音必然有振动，但振动不一定就有声音。当我们以后再听到声音时，就会对声音有不一样的理解：哦，是某个物体在振动了。

为什么近处的人没有听到爆炸声，远处的人却听到了？

老师在讲台上讲课，前排的学生总比后排的学生听到的讲课声大；两个人在窃窃私语，而远处的人却听不到他们在说什么；放烟花时，离得近的人感觉震耳欲聋，远处的人却觉得声音不大……这告诉我们离声源越近，听到的声音越大。

但是有的时候也会有例外：

据说滑铁卢战役失败的原因之一就和声音有关。当年，拿破仑告诉元帅，你听到我开炮，就过来支援，结果炮声隆隆，却怎么也等不到援兵的到来，滑铁卢战役拿破仑就败了。但其实当时声音出现了一个奇怪的现象，近处没有声音，但是远处是有声音的。

还有，1923年，荷兰的火药库发生大爆炸。据调查，100千米的范围内，人们清楚地听到了震耳欲聋的爆炸声；100千米到160千米范围内的居民，却什么也没有听到，甚至不知道发生了大爆炸，这或许可以解释为居民离爆炸点太远了。然而，距火药库1300千米的居民，却纷纷表示听到了爆炸声，而且听得很清楚……

这很有意思，难道声音发生了拐弯，绕过了中间地带？事实正如此，声音可以根据空气温度的不同，选择不同的传播路径。

空气温度的不同会导致空气密度的不同，声音在空气中传播时靠的就是空气，空气密度越大，声音的传播效率越高。当声源发出声音后，声音会优先选择空气密度大的空间进行传播。

具体到上文中的例子，大爆炸发生后，声音开始在空气中四散传播。当传播到100千米左右，由于地面温度太高，声音"选择"向温度较低的高空中传播。因为这里的空气密度更大，因此声音就这样"绕过"了100～160千米范围的地面。

在传播到1300千米左右时，这里的地面温度比较低，声音又开始向下传播，于是这里的人们又听到了声音。

大家有没有过这种感受？冬天特别冷，声音传播的效率就很高。而声音在水里，传播也极其高效，一点声音都能被捕捉到。这导致，这里一爆炸，上面的空气温度比较低，这边温度太高了，声音就不从这儿传了，从上面传；这边比较冷，然后它又传下来了。几千里外听到的声音，中间却没听到，说明中间这个地区可能很热。

总之，就是温度越低，传播效率越高；温度越高，比如战场上，热火朝天的，反而听不见声音。如果你不太理解，你可以设想在炎炎夏日，尤其在户外开阔的空间，你是不是听到的声音不会太大，反而在温度较低的夜里，更能听到幽幽的虫鸣。

主要是因为夏日白天地面温度较高，声音在地面附近传播效率很低。而在夜里温度降低时，声音在地面附近的传播效率变高了。在夏天，如果在荒野里，即使你扯着嗓子喊，没多远的人也听不到，一切都显得很安静。但到夜里，没多远都能听得清清楚楚。

如果你去过炎热的沙漠，感受会更深。沙漠上，地面温度很高，导致地面附近空气密度比较稀薄，声音在地面的传播效率极低，稍远处人们的大声喊叫，你也很难听清楚……

"鲸歌"为什么越来越稀少？

相信大家不会对噪声污染感到陌生，它是现代社会的"隐形杀手"。拥堵的马路上、热闹的街区里和建筑工地上，噪声无处不在。这些声音有汽车的鸣笛声、轮子的摩擦声、机器的轰鸣声和人们的喧哗声等。无所不在的噪声严重地影响大家的作息和身心健康。

于是，人们开始采取措施，在马路中间建隔离带、在高速路边建屏障，很多场所禁止鸣笛或禁止喧哗，这些都有效减少了噪声污染。

噪声不仅影响人类，也会影响地球上的其他物种，比如鲸。鲸是地球上有史以来演化出的最大型的动物。一头成年蓝鲸长达 30 米、重达 150 吨（比恐龙还大！）。虽然它是哺乳动物，

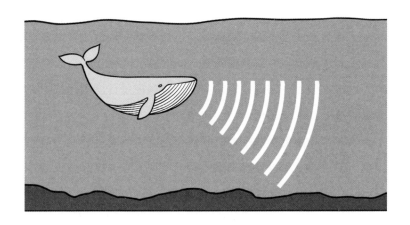

但却不像陆地哺乳动物一样拥有敏锐的视觉和味觉。

因此它们演化出了另一种适应深海生存的方式——依靠对声音的敏锐感觉生存。所以，这些鲸鱼既能够发出覆盖频率很宽的声音，又有着敏锐的听觉系统。

不仅如此，它们还会"歌唱"。在"歌唱"中，它们总能够将每小节、每个音符都精准地进行重复。甚至到了迁徙的时候，

一群鲸鱼还会在歌声中离开它们冬季生活的水域，6 个月后又回到原地，精确地接着歌唱，好像从未被打断过一样。

此外，它们的记忆力还非常好。通常鲸群的成员会一起演唱同一首歌，并且按照共同的意见，合作创作歌曲。到了每个月，还会定期更换新歌，这个过程缓慢但非常规律。而鲸鱼的声音，我们听起来也觉得很顺耳，这也正是它们互相交流的一种方式。

美国生物学家罗杰·佩恩通过计算认为，两头鲸以 20Hz 的频率可以在世界上任何两个地方彼此交流，因此它们曾经建立起了全球的通信网络。这就相当于，可能在地球这边，一个鲸唱歌或通信，地球另外一边的鲸鱼都能听到。

不过，现在鲸声已经越来越少了。因为人类的出现，特别是工业化的到来，使得海洋中到处充满了人类舰船的声音。这些噪声严重阻碍了鲸类的相互交流，导致鲸类之间的交流距离已经从原来的几万千米，降为如今的几百千米，而且还在持续缩小。

但你肯定会好奇，为什么原来它们可以通过几万千米传递声音呢？要聊这个原理，就会涉及波峰、波谷、波长。波的最高点是波峰，最低点是波谷。波长是两个波峰之间的长度，它是波在振动周期内传播的距离。

在水里，波长越长，衰减得越少，传播的距离越远，但传递的信息会减少。你可以想象，潜艇用长波，就发十几字，可能要用很长一段时间，才能把它从上万千米以外，传到基地。

如果波长特别长，当遇到一栋楼或者一座山的阻碍，它都能绕过去。反过来，如果波长短，它就很难绕过障碍物，或者说很容易被障碍物挡住。5G 也是这个道理，虽说 5G 速度确实快了，但它必然是用波长短的高频波，这会导致它绕障碍物的能力急剧衰减，稍微一个障碍物，它就过不去了。

像家里，Wi-Fi 分两个频段：2.4GHz 和 5GHz。2.4GHz 慢，但绕墙能力强；5GHz 快，但容易被阻隔。

再重复一遍，波长越长，相当于从波峰到波峰之间的距离越长。这个波很容易绕过大楼、绕过一座山。但是波长短的波，任何一个障碍物把它随便一挡，这个波就传不过去了。

最典型的就是，声音足够大，你在墙外都能听到。但光因为波长很短，只要有直接阻碍，它就过不去。

再来，我们如何分辨波长，你会发现，男人的声音比较低沉（块大的人也比较低沉），女人的声音比较尖。尖的就是波长短、振动快；波长特别长的，就振动得慢。

顺便说一句，鲸歌就跟老年男性的声音一样，低沉，波长长。小孩的声音都特别尖，波长短。鲸鱼的声音，就可以传得非常远，甚至在海底还可以不断地反射，且几乎不衰减。毫不夸张地说，在海底通道，顺着水能够从地球的这边传到地球的那边。

此外，声音在空气中的传播速度，大概是 340 米 / 秒，在水里面应该达到四五倍，等于一架 5 倍音速战斗机的速度。传播它在海底的声音，效率还是很高的。但是一旦受干扰，噪声太多，它就听不到了。尤其是轮船的柴油机，那也是低频振动。

坚硬的声障和神秘的声爆？

首先，咱们来聊一聊声障。有的人会想象自己喊过一声后飞速前进，并超越自己声音的情形。但是如果有一天你真的有了超越声速的本领，良心奉劝，你千万别那么做，因为那样很危险。

玩十米跳台的人都知道，从跳台上往水里跳时，千万不要平躺或者趴着入水，因为水貌似"温柔"，却也会把你"揍得"青一块、紫一块。特别是当你的速度足够大，水面在你的快速挤压下，来不及完全散开，水面会极大地阻碍你下落。

这个时候，对你柔软的皮肤来说，水面就变得很"硬"，当然也就变得很危险了。高速撞击下的空气，跟水面道理是一样的，都是非常危险的。

说完了声障的危害，那么，声障又是如何来的呢？ 1947年之前，人类的飞机一直无法突破声速，因为飞机在接近声速时，总会遇到巨大的阻力，好似前面有一堵墙，这墙就是"声障"。

当时的人们曾经尝试过制造更强大的飞机发动机去突破声障，可是，当他们终于造出某些速度可以超过声速的飞机时，这些飞机在穿过声障的一刹那，却被声障这堵"墙"击得几乎粉身碎骨，就好像真的撞到了墙上一样，造成机毁人亡……

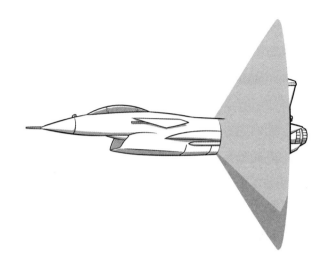

　　直到 1947 年 10 月，美国研制的超音速飞机安全地达到了声速的 1.1 倍，人类才首次突破了声障！这架超音速飞机之所以能够穿过声障这堵墙后还完好无损，除了自身材料更硬之外，主要还跟它的结构有关。这架超音速飞机翅膀的结构，采用了斜向后方延展的方式，这样在穿过声障时可以减少空气阻力。

　　就这样，人类终于在其后的时间里用上了超音速飞机，随着技术的进步，各种超音速飞机的速度也越来越快。

　　其次，说完了声障，咱们再来聊一下声爆。

　　每当超音速飞机超过声障后，就会产生巨大的响声，像爆炸声一样，这就是"声爆"。如果距离居民区太近，达到超音速后，声爆很容易把居民玻璃震碎，甚至可能震坏人们的耳膜，导致耳聋……

值得一提的是，超音速飞机不只在穿过声障后会产生声爆，超过声速的飞机，后面都有一个巨大的快速膨胀的声波跟随，就像快艇后面紧跟的水波。因此超音速飞机绝不能在居民区附近飞行，只能在海上或者高空飞行，这也是超音速客机无法普及的主要原因之一。

也许我这里说的超音速飞机产生的声爆，你没有听过，但我相信你一定听过甩鞭子的响声。当鞭子被快速甩起来后，再用力一抽，鞭子尾部就会发出"啪"的一声，这相当于一次小型的"声爆"！此时鞭子的尾部速度极大，超过了声速，从而击破声障产生了声爆。

声爆的产生说明声音可以传递巨大的能量，就像次声波和超声波。幸运的是，超音速飞机上的飞行员，完全不会被这有着巨大能量的声爆干扰到。因为飞机产生的声波，被飞机甩在了身后，飞行员在飞机上几乎什么也听不到……

正因为声爆有这样的特点，所以，它又被作为战术应用，成了超音速战斗机。如果要去打那些力量不是很强的恐怖分子，根本不用扔炸弹。超低空、超音速飞行，一贴地面、一扫过去，所有人基本都七窍流血，玻璃也全震碎了。

为了帮助大家更好地区分声障和声爆，再举个例子。声障就是，你现在喊一声，然后赶紧去追你的声音，还能追上你的声音。前面那个人还没有听到你的声音，你都到前面人跟前了，你跑得比你发出的声音还要快，这个过程，肯定要突破你的声音。如果你不断地发出声音，不断地去追，声音就会往前不断地积累，形成声障。

因为声音是空气的振动，声音传播速度是 340 米 / 秒，不能再快了，但是你现在比你的声音还要快，相当于你发出的所有声音都会挤到一起来。挤成一道墙，就是声障；挤成一道墙，爆了，就是声爆。如果飞机一直超音速飞行，相当于同时一直在建造新墙，老墙在坍塌，包含着巨大能量的空气墙，一坍塌就爆了。

你甚至可以想象，超音速飞机飞过地面，跟战斗机扫射似的，所过之处，"寸草不生"。穿过那一刻是最响的，后面的都是噪声。一般情况下，这种情况不允许在现实中上演，因为破坏力非常大。

另外，再说一个常见的现象。朝你驶来的火车，如果在鸣笛，汽笛声音是不是很尖锐，过去之后，又突然瞬间变得低沉？原因是这样的，鸣笛声朝你来的时候，它的波长是在压缩的，叠加在一起了，因为火车有一个向前的速度。波长被压得很短，朝你过来的时候，你听着声音就变尖了。

总之，声音就是物质的振动，振动之后，跟你的耳朵发生了作用。就是一个声音，并不是一些神秘的什么东西，你一说话我能听到，隔空传音，其实就是一个简单的振动。

波：各种粒子按照某种规则，呈现出的集体行为。

声障：当飞行器速度接近音速时，会追上自己发出的声波造成震波，进而对加速产生障碍的现象。

声爆：在空气中运动的物体速度突破声障时，产生冲击波并伴生巨大响声。

人耳听不到的声音

　　我们能听见的声音频率是20Hz～20 000Hz，高于我们能够听到的频率范围的，叫超声波；低于我们能够听到的频率范围的，叫次声波。无论是超声波、次声波，还是人能听见的声音，都来自振动。

　　咱们先来看一下超声波，举个例子，原来好多牙刷宣传自己是超声波牙刷，因为超声波有很强的清洗能力。但现在《中华人民共和国广告法》一出台，他们全都换成了声波牙刷的说法，毕竟，真的超声波牙刷，应该是没有声音的。只要能听见振动，就不是超声波。

　　超声波洗眼镜时把眼镜放在水里边，水有点振，眼镜上的脏东西就全被洗干净了。这个过程，你听不见声音，这就属于超声波振荡清洁。

　　咱们再来看看次声波，次声波我们也听不见，但它蕴含着巨大的能量。低音鼓的鼓声咚咚，你会觉得震得你五脏六腑都颤。好多人虽然把耳朵堵上，已经完全听不见声音了，但仍然会感觉到颤抖，这主要是因为鼓的声音频率比较接近次声波，容易引发身体的共振。

另外，有一些声音是人听不到的，但是别的动物能够听到。之前，我朋友曾试过拿着我们都听不见的超声波，往那儿一放，猫立刻就过去。这种超声波，蝙蝠也能听见。所以声音是区分接收对象的。

当然，仅知道次声波和超声波还不够，大家也可以适当了解一下物体本身固有的振动频率。固有振动频率是什么？如果开一些低档车，车特别破，开到 120 千米 / 时车就开始抖，速度再快点它又不抖了。到一个阶段它就抖得特厉害，这就是车的固有振动频率。你看，我坐着椅子在这儿摇摆，一旦频率和椅子的固有频率接近了，就会发生共振，就一块大幅度晃起来了，椅子就能够不断接受我的能量了。随着能量的传递，振动也会越来越大。

还有，微波炉热菜，正常情况下，只要食物里有水分子，微波就能进行加热，这是因为振动的微波可以让水分子发生共振，这种振动就可以传递给食物从而加热食物。前面咱们已经说过，分子振动得越剧烈，物体的温度越高。但如果在完全没有水的环境下，微波炉是不起作用的，因为没有水分子发生共振，这就是共振原理的应用。这跟次声波武器是一个道理，后面咱们会谈到。只要共振了，它就可以把能量传递出去。

到这里，想必大家对听不见的声音，已经有一定的了解了。为了帮助大家更好地理解，我们不妨一起看看下面几个有趣的问题。

小狗为什么在"夜深人静"时叫唤？

前面说过，虽然人只能听到20Hz ～ 20 000Hz的声音的振动，但有些小动物，比如狗，它们能够听到一些高于20 000Hz的超声波。所以，这会造成一种现象，就是有些声音人听不到，但猫狗能听到。

小狗在深夜里之所以叫，就是因为它可能听到了我们没听到的声音。而且，这个声音在狗听来可以说是非常明确、非常响亮的，但是我们一点听不到。不过你要问我那个声音听起来具体是什么样，那我也说不清楚，毕竟那个声音人听不到。

说到这儿，有朋友要问了，狗耳朵很灵，门口有人来了，它就会跳起来，但主人可能什么声音都没有听到，这又是为什么？关于这个问题，首先你可能没注意听，其次狗离地板更近，它光着脚，地板稍微有点振动，一下子就能通过它的脚掌传导到耳朵里，它就能听到门口来人了。

这种现象又被叫作固体传声，固体传声的效率和速度比空气传声的效率和速度都更高、更快。所以，狗可以通过固体传声清晰地听到人可能听不到的声。又好比火车来了，你站在一定距离外可能是听不到这个声音的，但你趴上铁轨听，就会听得非常清晰，知道火车要来了，狗就是利用了这个原理。

过去守城的时候，守城的人都会在地底下，天天守着缸听，用来确认对方挖没挖地道。包括太平天国运动的时候，围着城墙也有好多口缸，都是这样的道理。

我们为什么听不到蝴蝶扇动翅膀的声音？

我们听不到蝴蝶扇动翅膀的声音，是因为这个振动的声音频率太低。这就涉及次声波了，像我们熟悉的苍蝇、蚊子，只要每秒钟振动超过 20 次，就能听到嗡嗡嗡的声音。但蝴蝶扇动翅膀，一秒就振动十几次，所以恰好听不到。当然，这个声音，别的动物，有可能会听到。

还有，我们之所以能听到苍蝇扇动翅膀的声音，是因为离得近，它的能量传递过来了；离得远，能量就相当于扩散掉了，你在更远处，能量只能传递过来一点。能量的传播一般是辐射状的，传递来的能量跟距离的三次方正好成反比。距离越远，能量损耗得越多。

就像你在气球上面点了 10 个点，然后把气球吹得非常大。你关注的一小块面积上，原来有两个点；吹大之后，你再看这一小块儿面积，可能一个点都没有了。这是因为能量分散掉了，越远越分散。

至于次声波，像大象、鲸鱼，它们是能够听到这种声音的。甚至蝴蝶扇动翅膀的声音，某种程度上，大象也是能够听到的。

顺便给大家科普一下，大象用象语传递信息，它们之间说话的声音极其低沉。虽然我们在说话，它们也在说话，但我们就是听不到它们说的话。不过，要是它们叫得频率高了，这个声音，我们就能听到了。

可怕的次声波和聪明的超声波？

1948 年，当时人们突然收到了一艘名叫"麦塔奇"号的内燃机船发来的"SOS"电报求救信号。电文如下："所有的军官、船长……都死了，我也要……"当救援者登上那条船时，发现所有人员都死在了自己的岗位上，毫无外伤，但面露恐惧……

是什么导致船员离奇死亡呢？答案是次声波。

《声音到底是什么》中说到，人类无法听到次声波，但次声波和人身体内脏的固有频率非常接近，它能在穿过人类的身体时，让内脏发生剧烈振动，轻则让人恶心不安，重则震裂内脏让人毙命。

自然界的次声波，有可能产生于海上风暴。风暴运动过程中，与海水摩擦产生一定频率的振动时，这个振动就有可能成为次声波，成为海上的"隐形杀手"。上述船员就是在海上遇到了这种次声波，以致全体死亡。

不但人会受到次声波的伤害，包括鲸鱼等很多大型海洋生物也会受伤。曾有报道说，某海域的海边出现鲸鱼"集体自杀"，它们不愿游回海里，不久都死在了海岸上。而次声波，很可能是鲸鱼搁浅的罪魁祸首。

正因为人害怕次声波，所以有了次声波武器，可以把人的五脏六腑给震伤。杀人于无形，这相当可怕。此外，次声波还产生于火山、地震和台风等自然现象发生时。所以，当这些自然灾害发生时，我们应该尽量远离它们。

当然，次声波也有积极的一面，它能绕过很大的物体，传播得很远。咱们可以利用这一点，预测海上风暴、远处的地震，以及十几、二十几千米外的海啸等。此外，它还能用于雷达、清洗设备等。

说完了次声波，咱们再来看一下超声波吧。自然界中是存在超声波的，比如，蝙蝠就是利用超声波来"看"物体的，蝙蝠甚至可以利用超声波在夜里捕捉空中的飞虫，超声波让蝙蝠变得很"聪明"。之前科学家做了一个实验，把蝙蝠的眼睛蒙起来，之后在屋子里挂满铃铛，让它在屋里飞。结果它飞了半天，没撞上一个铃铛。但是你把蝙蝠的嘴堵上，就完了。它发不出超声波，测不了物体的位置，就撞上了。

有一部电影，讲的是一个小女孩走丢了，大家都找不到她，但她家的狗凭借超声波，把女孩找到了。海豚也可以发出超声波，并且进行回声定位。

还有，人类在第一次世界大战中就开始使用超声波对潜艇进行回声定位了。此后超声波技术得到了巨大发展，除了上述应用，还有很多其他的应用。

超声波有很大的能量，它可以轻易震碎对准的物体，甚至可以把金属切割出一个细细的切口，因此超声波可以用来进行金属的精准切割。超声波还具有精准反射的特点，可以用来检测一些物品是否有微小裂纹……

还有，医院B超等，也是利用超声波来工作的。它的频率很高，可以集中很大能量到一个很小的区域上。医院可以用超声波射入人体，对器官进行精准定位扫描，通过接收反射回来的超声波，查看人体内器官的生理情况。

货船为何神秘失踪?

1890年，一艘名叫"马尔波罗"号的帆船满载货物从新西兰起航开往英国，却神秘失踪。20年后，人们在火地岛海岸发现了这艘帆船，奇怪的是，船上除了那些发霉的东西，其他都完好无损，船员们的遗骸也都"坚守"在各自的岗位上……

和上面的例子一样，罪魁祸首很可能就是海上风暴发出的声波，这在前面咱们已经讲过。次声波本身是一种波动，它会导致内脏发生强烈的振动，相当于内脏跟着声波一起振动起来了。

这就涉及共振，只要物体的固有振动频率和声波频率接近，就能产生共振。这种共振能够穿透你的肚子，让你的内脏感受到。并且，随着次声波的振动，你的身体也在跟着振动。至于为什么共振会杀人，你可以想象，这类似于在你的肚子里有人拽着你的五脏六腑在来回地晃。相当于一个拳头打你的内脏上，你说你能受得了吗？

再比如，车架子来回晃荡，幅度不大，但晃到一个频率，就哆嗦得厉害了。发动机也是，车本来的频率跟发动机不搭边，但如果正好遇到一定的速度跟发动机的频率共振，车就抖起来了。

同理，咱们也能找到自己的共振频率，你晃悠，总有一个频率，让你觉得特嗨。比如，你晃椅子，只有达到某个频率才能晃得特别开，其他时候也是晃不开的。晃得特别开的时候，也就是达成共振的时候。不过，要想把椅子晃散，你晃的幅度一定要大。

为什么过桥都要便步过桥？你如果走正步，只要跟桥的振频一样，桥就塌了。曾有一支军队在结实的桥上走正步，那桥跟着振动，幅度越来越大，瞬间就崩塌了。所以，规定军队过桥必须走便步，不许走正步，就怕引起共振，这种共振等于会让物体接收能量。

至于，次声波为什么能够振动着过来，是因为它在传播的时候，整个空气都是振荡着传播。所以，我们看能量，主要看振幅，能量越大，振幅越大。共振就是任何两个物体，都在一个共同的固定频率上，它们的振幅能达到最大。

波是含有能量的，如果跟你频率差距很远，能量难以传递给你。但如果正好你跟这个振动频率一样，能让你迅速达到你的最大振幅。我们生活在一个充满能量的世界，只是很多能量你没有感受到。

再举个例子，推秋千。如果你顺着秋千摆动的幅度推动，使秋千达到最大振幅，这就是共振。

也就是，当你们频率非常契合，波就会跟你形成共振，并且把能量传给你。

有共振，我们才能感知到声音，没有共振我们感知不到。有的声音狗能够听到，因为它身体的某种结构跟我们不一样，它能感受到更高频率的振动，所以它就能听到。

那为什么会出现，人没有接收到声波的情况？这个时候就是，声音没有让你的鼓膜产生振动，你也就没有反应。想要让我们的鼓膜产生振动，频率得保持在 20Hz ~ 20 000Hz，频率高于或低于这个频率，都无法形成振动。我们能听到声音，就是因为这个声音，使我们的鼓膜振动了，它一震，我们的神经就会感受到。

总之，越深入研究物理学，感悟越深。比如，在爱因斯坦看来，物质和能量是一回事，物质和能量组成了整个宇宙。现在发现，如果把人类能观测到的所有的物质和能量加在一起，只占整个宇宙的 5%；另外 95% 看不到、摸不着，也测不出来。

这 95% 是啥？是不是心灵感应、神秘物质等，谁也不知道。只能说科学在不断地往前发展，但永远到不了头。

虽然有的东西我们感受不到，但是可以通过一些翻译，转化成我们能感受到的信号，即可以测量出来。这些能测量出来的物质属于宇宙的那 5%。

物理学仪器干的就是这个，比如，电磁波我们感受不到，但是通过示波器我们就看见了。正因为人的身体是有极限的，所以发明了各种仪器，显微镜、雷达、光谱仪等，让人的身体感受到。

tips

超声波：频率高于 20 000Hz 的声波，它的方向性好，反射能力强，易于获得较集中的声能，在水中传播距离比空气中远，可用于测距、测速、清洗、焊接、碎石、杀菌消毒等。

次声波：频率小于 20Hz 的声波，不容易衰减，不易被水和空气吸收。

共振：物理学上的一个运用频率非常高的专业术语，是指一物理系统在特定频率下，以比其他频率更大的振幅做振动的情形。

绚烂多彩的光波

世界本身是无色的，是我们的眼睛有三种细胞，让我们感觉到有颜色。对于有些动物来说，能够区分的颜色就是黑白，它们的世界整个都是灰的，看不到其他任何色彩。

而色彩的本质，就是光的波长。

按理说，光波是连续分布的，有极短和极长的光波。但人对光波极具天赋，我们对某些特定波长的光波极其敏感，能将它们看到并区分开来，区分的方法就是赋予它们不一样的颜色。就像解数学题，我们能一看条件就知道怎么解，或者测试怎么解。这种特定的天赋，别的许多生物就没有。

也是因为基因遗传的结果，让人能够分清红色、绿色，这样才能保证他们在远古时代找到果子。通过果子变红，知道它熟了，可以吃了，这可以保证人不会被饿死。

光与色彩的关系，很难一下子就讲得清清楚楚。通过下面几个小问题，我们一起做更深入的学习吧！

为什么我们的世界是彩色的？

色彩是怎么来的？因为人眼有三种视锥细胞，正好能够分辨这些颜色。在鸟的世界里，看到的世界更加丰富多彩，因为它有四种视锥细胞。比如，你看到的红色，它看到的可能是一个变化的彩色。就好比，你看到了红、橙、黄、绿、蓝、靛、紫七种颜色，但鸟可以看到几十种。

国外有个报道，有个人很有绘画天赋，他画出的颜色非常绚丽，他的眼睛就有四种视锥细胞，比正常人看到的颜色要多，跟鸟一样。他们看到的世界，很难想象是什么样的。

所以，人的视力强弱、对色彩的感知，都是因人而异的，都是长期自然选择的结果。

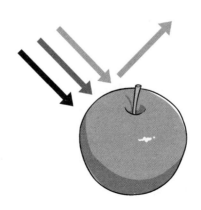

还有一种现象，也是自然因素决定的。地球上绝大部分物种都是雄性色彩鲜艳，包括鱼、孔雀、山鸡、鸳鸯等。比如，鸟类都是雄鸟色彩鲜艳，雌鸟一般颜色都比较简单。

通过这些色彩，我们有了光谱学。通过光谱学，我们能够轻松解释：森林为什么是绿色的，因为森林吸收了太阳光中其他颜色的光，只反射了绿色波长的光；鲜花为什么是红色的，因为鲜花吸收了太阳光中其他颜色的光，只反射了红色波长的光……

值得注意的是，看到黑色的物体，并不意味着物体本身发出的是"黑色的光"。而是，它不发光，又把外界射到它上面的光给吸收了，也就是说，黑色的物体基本不反射光。

黄色的老虎趴在绿色的草丛里，羚羊为什么发现不了？

在回答这个问题之前，我想给大家引入一个概念，叫色盲。色盲是一种基因问题，这种感觉就好像，人对某种特定的声音极其敏感。好比你拿手指刮黑板，所有人都会觉得浑身难受；还有，人类几乎都天生怕蛇，因为原始人时代，被蛇咬死的人很多，那些不怕蛇的都死掉了，怕蛇的人都活下来了。

科学研究表明，这些情况很可能都和先天因素有关，即和遗传基因有关系。色盲也是同样的道理，很多动物都是色盲。

举个常见的例子，动物纪录片中经常看到这一幕：老虎躲在草丛中等待捕猎时机，而近处的猎物即使抬起头来朝老虎这边看，也经常毫无察觉。在我们看来，老虎躲在绿色的草丛中这么明显，可猎物怎么就看不到呢？难道它们在演戏？

其实秘密在于，除灵长类动物外，哺乳动物大都是色盲。羚羊只能看到灰白黄的世界，也就是黄、灰、黑这一类的。虽然它也能看到黄色，但它看不见绿色、红色。它眼里的老虎和草是一个颜色，所以以为没事。

为什么羚羊看到的世界是这样的，因为它的视锥细胞，也就是感受波长的光的细胞，相较于人要少一个。

羚羊眼睛里看到的，和红绿色盲类似。红绿色盲也是分辨不出红色、绿色，但是能够看到黄色。这也导致他们永远分不出红灯绿灯，但也许能感觉，红灯稍微亮一点，绿灯稍微暗一点。

如果你不理解，换个方式。你戴上夜视镜，会发现你看到的都是绿的。

虽然人眼有三种视锥细胞，但是经过脑袋，它会进行"二次加工"。这也会导致每个人最终看到的东西都不一样，所以也会导致戴着"有色眼镜"在看世界。可能在别人眼里的绿色，在某个人眼里感受到的是红色，但是这个人从小就被告知这种颜色是绿色，于是他就会把他感受到的这个红色称为绿色……这个人永远也不会知道，在他眼里的绿色和别人眼里的绿色根本不一样。

红绿蓝三种颜色的光为什么被称为"三原色"？

红绿蓝之所以被称为"三原色"，是因为这三种颜色的光，可以叠加成我们感知到的所有颜色。比如，电视就是三原色，通过不同的配比，调出你想要看到的所有颜色。相当于三个光源——一个发红光，一个发绿光，一个发蓝光，一调，就会呈现出很多的颜色。

三原色光，红绿蓝，合在一起是白光；颜料的三原色，红黄蓝，三种颜色取相同分量，调在一起，正好是黑色。

人眼有两类细胞，一类是可以感受光强度的视杆细胞，一类是可以感受特定波长的视锥细胞。其中，视锥细胞分为三种，这三种视锥细胞感受不同波长的可见光。其中，红、绿、蓝三种颜色，也被称为三原色光。

当三种色光以不同的比例进入人眼，会对三种视锥细胞产生不同的刺激，从而显示出更多的颜色。

人的三种视锥细胞，正好对红绿蓝这三种颜色的光最敏感。这三种光投过来之后，大脑会做配比。一配比，形成最终的混合效应。红色接收到多少，蓝色接收到多少，一混合，最终出现一个颜色。

所以，物理学中的三原色光，并非一种"客观存在"，它只是我们对应眼中红绿蓝三种视锥细胞而得出的一种主观判断。

当电视发出红光和绿光时，你可能看到了黄色。因为人的视锥细胞，感受到红光、绿光之后，最终做了一个合成。在另一个生物看来，红光和绿光可能是一样的。

实际上，所谓的多彩的光，就是人类能感知到不同的波长的光，给光做了一个分类。可能在另一个生物看来，这就是连续变化的波。可能它波长长一些，它波长短一些。其本质是一些电磁波，但人类对它做了一个区分。所以说世界之所以多彩，是由于人的眼睛造成的。

tips

　　视锥细胞：它能接受光刺激，并将光能转换为神经冲动，是一种光感受器。

　　三原色：色光的三原色是指红、绿、蓝三种颜色。三者混合之后显现为白色。

欺骗眼睛的那些光

　　不知道大家发现没有，我们经常会被生活中的光给欺骗，比如，我们会分不清"月亮照在下过雨的路上，亮的地方是路还是暗的地方是路"，也常常会"望山跑死马"，会疑惑"初升的太阳为什么看起来更大"……以上种种，都是因为我们遇到了欺骗眼睛的光。至于，为什么我们会被欺骗，那是因为眼睛是有限的，大脑也是有限的。

　　这样的现象真的太常见了，如果屋子里全是黄光，其他颜色的物体就会变黑，只能看到黄色的物体，比如黄色的香蕉。此外原来是白色的物体也会变成黄色。同理，绿色物体则是反射绿色光，不反射别的光，别的光都被吸收了。

　　而你之所以能够看到它，是因为相应颜色的光，比如，我们这里说的绿光，反射到了你眼睛里。至于，我们生活中常见的黑色，则是什么光都不反射，啥光都吸收。

假如，发射的光是白色的，只有反射某种光的时候，比如反射出来的光是绿色，你才能看见，别的光就都看不见了。白光里面红橙黄绿蓝靛紫都有，就像太阳光一样，太阳光就是白光。所以，我们能看到所有的物体，是因为我们的太阳光是各种波长的光混合在一起的，是混合光。

为了更好地解决大家对于光的困惑，破解这些存在于我们生活中的欺骗眼睛的光，我们一起来看看下面几个常见的现象和问题吧！

月光照在下过雨的路上，亮的地方是路还是暗的地方是路？

关于这个问题，很多家长会告诉孩子：下雨后，不要往亮的地方蹚，你看到它很光亮、很平坦，但你踩下去就是一个大水坑。

这个问题的答案，其实是不固定的。主要还是得看你是迎着月亮走路，还是背着月亮走路。

假如你迎着月光，你站在月光下，地面上有积水、有路、有石块，这个时候就涉及光的反射了。到底亮的地方是路，还是暗的地方是路？月亮在前面高高地挂着，月光既照射在路上也照射在水上，光线反射过来，都能反射到人眼里。但是由于水面像镜子一样，可以反射更多的光到你眼睛里，而路面的反射不是镜面反射，而是漫反射，只能反射一小部分光进入人眼。

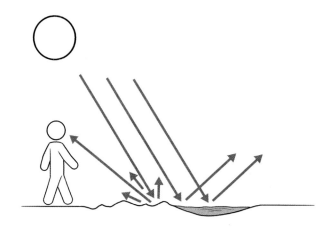

这个时候，对比之下，你就会觉得水面是很亮的，路面是暗的。

漫反射，就是平行的光线射到物体凹凸不平的表面上之后，反射出去的光线不是朝着一个方向，而是朝向各个方向，反射的光线很散乱。

再来，如果是背着月光呢？这时候月亮在你背后，月亮射到你前方水面的光全反射跑了，照不进你眼里，所以水面就是黑的。但是射到路上，路反光是一种漫反射，有些光线可能反射到其他地方，有些可能反射到你的眼里。对比来说，路亮了，水整个就黑了。

开车跑高速的人，大部分都得背着太阳跑，这样基本不会被太阳直射，所以他们就有个俗语叫作"黑水、黄土、白马路"，即黑色的是水，黄色的是土，很亮的是马路。

总的来说，如果你背对着月亮，暗的地方是水；如果你正好迎着月亮，那亮的地方是水。如果在郊外水泥地上，这种现象会特别地明显。

为什么会"望山跑死马"？

所谓"望山跑死马"就是眼看着山就在前面，可是你骑着马向山跑去，即使把马累死了，山还是离你那么远。

这是为什么？想解决这个问题。咱们可以想象一个简单的场景：

中秋月圆之夜，你看着皎洁的月亮，很难想象那里曾经在50多年前停留过人类的飞船，留下过人类的第一个足迹……忽然，你想要离它更近一些，这样或许月亮就能看起来大些，你也能看得清楚一些，或许还能看到月球上阿姆斯特朗留下的足迹。

但当你费尽全力爬到楼顶，举目望去，却失望地发现月亮还是那么大，只是貌似更亮了一点。而这可能是因为你周围的干扰灯光减少了，不是因为月亮离你更近了……

同样的道理，山在这儿，人在这儿，人看山的时候，你肯定要看它的高度，也就是山峰。山峰有光，这个光会跑到眼睛里去。好比这里会有个夹角，这个夹角又被称作视角。一个物体，在你眼里是大是小，主要取决于视角的大和小。

比如笔拿远了，就变成了非常小的一点，拿近了视角就变

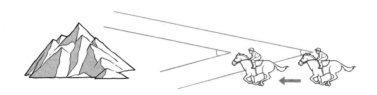

大了。所以当你离山很远的时候，视角是很小的。你往前跑一段，视角的变化也不会很大。

角 α 跟角 β 大小基本相等，也就是说，距离变化了不少，但视角只是变化了一丁点儿。视角几乎没有变，山在你眼里的大小也几乎没有变。你觉得跑了很远，但山由于离得远，导致山在你眼里还是那么大。

远处的山距离骑手很远，骑手快马加鞭行进，这段路程和他到山的距离对比起来显得很短。这会导致山在骑手眼中的视角变化很小。造成的结果就是：骑手骑着马跑了挺远的路程后，发现山差不多还是那么大！所以会"望山跑死马"。

而物体在人眼中视角的大小就是我们的眼睛"认为"的物体的大小。

同样地，无论你在楼顶还是楼下，月亮看起来依然那么大。而当你从不同的距离看书本时，字体在你眼中形成的视角却会发生明显的变化。这也说明了，我们用来作对比的"参考物"，也会影响我们眼中物体的大小。

初升的太阳为什么看起来更大？

两小儿辩日的故事，很多人都知道，他们争论的是早上太阳离我们近，还是中午太阳离我们近。

一个小孩说太阳发光发热，中午特别热，肯定离我们更近。早晨特别冷，肯定离我们更远。这就涉及太阳的照射问题了，中午太阳是直射，而早上起来太阳是斜射。斜射的时候太阳光需要穿过的大气层更厚。太阳光先斜射穿过大气层，再射到地面上，穿过的大气的距离更长，所以光就衰减得更多了，也就没那么热。但直射的话，则与之相反。

所以，这也导致，虽然太阳离我们远近几乎没有变化，但夏天比冬天更接近直射，所以阳光更强烈。细心一点的话，你还会发现，夏天太阳都是在头顶上。而冬天，太阳是很斜很低的，太阳光能照到屋子里很远。

一个小孩说，太阳早上看起来很大，中午看起来就变小了，所以早上离我们更近，中午离我们更远。

关于这个问题，目前的解释是取决于参照物。如果有山有树，太阳就会显得很大；但如果没有参照物了，太阳就会显得比较小。

初升的太阳看起来更大，因为看远处初升的太阳，你肯定会看到远处的山、远处的房子、远处的树，一对比，太阳就显得很大。

中午，太阳升到头顶，没有什么参照物了。往上一看，大小也看不出来，也就那么大。但到早晨，对比很明显，甚至如果远处有一座山，太阳可能比山头还要大。

更直观一点，用奥特曼来举个例子吧。奥特曼怎么造出来的？扮演奥特曼的人，其实是真人。他怎么显得那么大？把楼的模型建小一点，人往那儿一站，楼一掌就被拍坏了。其实，就是利用对比，让人感觉他站在那里，比楼还高。

因为人脑有一个认知，比如你脑子里对树有多高、房子有多大、楼有多高等，有一个大概的印象。这时候真人奥特曼和楼站在一起，楼房与他齐胸高，他一掌就把楼拍碎，整个一对比，奥特曼显得很高大，这就是参照物的问题。

总之，只要懂得物理原理，光就不会欺骗到我们。如果不知道这些，光肯定会欺骗我们。因为人的常识，看着的都是错觉。看着山没多远，赶紧跑过去。跑半天，山还是那么大，还是离得很远，这就是错觉。

这样的原理也能运用到魔术中，变魔术的时候，非常强的光照在你的眼睛上，会让你看不到其他的物体。比如当你的眼睛全神贯注地看着魔术台，突然它亮了一下，出来了一个鸽子；此外，皮影戏，也是利用光的直线传播原理，也是一种欺骗眼睛的光。

还有一种，是三维立体影像。过去咱们都看二维电影，但现在有了三维全息投影。可能在未来，你可以利用三维全息投影，走到足球场里面。这个时候，虽然旁边都在踢球，但大家却可以穿过你……

相当于整个足球场都是虚拟的全息投影，全部的信息都能被你看到。而以往二维的电影、电视，你看不到三维的结构，只能看到一部分信息。

随着三维的出现，你既可以看到侧面，也可以站在前面，看到后面。你可以绕到一个人后面去看他，但这个人就是虚拟的全息投影。说白了，全息投影，就是人类自己欺骗自己的眼睛，制造幻境来满足自己。

这里强调一下，立体画其实是二维的，只不过是让你产生了错觉。比如说，在地面画一个井盖儿，井盖儿打开了，让人觉得那是一个真的井盖儿。事实是，人脑根据以往经验认为井盖儿打开后，画面是怎样的，自己进行了脑补、还原，对比后，发现立体画跟脑中想象的很接近，就会以为画是真的。只不过立体画把真实物体还原得比较好，信息比较全面。

tips

波长：波在一个振动周期内传播的距离。

漫反射：投射在粗糙表面上的光向各个方向反射的现象。

有光才能做的高难度的事

　　在生活中，那些我们感知不到的东西，想要运用起来，是非常困难的。而光，恰恰能够被我们感知到，所以，就有了七彩的世界。

　　就好比，我们感受不到有些电磁波，只能通过各种方式测出它们，再让它们充当幕后英雄，提高我们的生活品质。而光，不只居于幕后，它还成为文化的一部分，像我们熟悉的光与影、摄影美术等，都属于是光的艺术。

　　对光而言，它和那些实用主义还不太一样。光不只要讲究实用，还要讲究美。毫不夸张地说，光已经上升到艺术和艺术文化层面。它能够被我们直接、间接，并且全方位地运用在生活中的方方面面，它既有实用性又有观赏性，还能被人感知到。

　　说到这儿，想必大家对光已经有了初步的印象，下面，我们通过几个问题，走进更绚烂多彩的光的世界吧！

月球上有激光反射仪吗？

我国"天问一号"火星探测器发射成功，相信人类登陆火星也不会太遥远了，至少我们这代人可以看到。当年很多人说美国跟苏联竞争，美国搞了个虚假新闻——人类登月了，但其实是在地球的某个摄影棚拍摄的。

有一个简单的证据可以打破这个阴谋论，比如，当年人类登月时在月球上留下了一个激光反射仪，从地球的任何一个位置，只要能照到反射仪上，激光就能通过原位置反射回来。想要测量地月距离，并且知道阿姆斯朗到底有没有上月球，用光就可以验证！

这个激光反射仪结构很神奇，激光从哪儿射过来，它就会以同样的方向，平行反射回去。因为你照到月球表面，肯定是漫反射，但它居然能够平行反射回来。而且，这个激光反射仪不消耗任何能量，只是拼凑起来的几块儿镜面。

基于激光反射仪的发现，测量地球到月球的距离，完全可以用它直接测量。而我们已知的月球平均每年远离地球3.8厘米，也是这个反射仪测出的。

如果是一个镜面，要让光按照原方向反射回来，必须恰好垂直入射到镜面。方向稍微偏离一点，反射回来的光就无法被发射者接收到。然而，从地球发射激光到月球，且恰好垂直入射到那么小的镜面上，可以说是不可能做到的。而要想测量月球和地球的距离，科学家得保证发射到月球上的激光能够原方向返回，这样才能知道光线一去一返走了多久。所以，必须使用激光反射仪。

咱们一起实验一下，用一块镜面时，光必须垂直入射，以保证反射光按原方向返回。而用两块儿垂直的镜面就可以保证在二维平面内的任意方向的光按原方向反射回去。

同样地，我们可以再增加一个垂直镜面，形成一个只有一个角的立方体。这样在三维空间内的任意方向的光，都会按原方向反射回去了。而放置在月球上的激光反射仪就是这样一个由几百个角立方体组成的立方体阵列。

还有人说，阿姆斯特朗没上去，只是把这玩意儿扔上去了。也就是说，飞船上去了，人没上去。但月球的激光反射仪其实就能说明，美国确实登过月。而且激光反射仪，完全可以测量

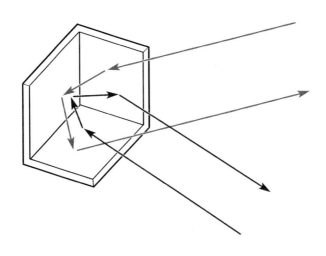

地球到月球的距离。因为光的速度是恒定的，每秒30万千米，只需测出光线一去一回的时间就行了。

从地球上打个激光，开始计时，2.6秒又接收到了反射光。请问地球到月球的距离是多少？那就是1.3秒乘以光速，因为单程就是1.3秒。

不过可惜的是，最近几十年人类的基础科学和一些科技领域（比如太空探索）进步明显放缓。20世纪80年代后，人类在太空探索领域几乎停滞不前，大家失去了探索太空的兴趣。所以，月球上的激光反射仪的意义，是代表人类文明探索的标志性物体，因为在那之后，我们几乎再没有往前去探索太空。

真的可以用冰取火吗？

要说古人怎么取火，大部分人的第一印象一定是钻木取火，但是真实情况是，钻木取火难度挺大的，你可能手都磨出血泡了，也不一定能够取到火。那么，问题来了。古人没有打火机，没有火柴，冰天雪地里，他们又是怎么取火的呢？一种方式是用冰取火。

冰取火源于古代部落，刚开始可能是巧合地发现了一个类似凸透镜的东西。太阳光一照，感觉下面有个亮斑，手往那儿一放，烧手，于是就有了凸透镜。历史上很多科技的发明都是如此的巧合，比如微波炉的发明。

所以，正是因为这一意外的发现，人们才开始有了用凸透镜取火的意识。在冰原上或北极圈内，爱斯基摩人把冰直接磨成了凸透镜，用凸透镜对着太阳取火。

就像你小时候拿着放大镜烧蚂蚁一样，这放大镜就是凸透镜。所以，即使在南极，我们也可以把一块很大的冰磨成很大的凸透镜，然后下面垫一些干柴火，就能烧起来。

而且南极大陆极其干燥，比塔克拉玛干沙漠还要干燥。它空气里面几乎没有水分子，全球最干燥的地方就是南极。所以，别看它冰天雪地的，也能取火。

当然，磨凸透镜，这是个技术活，可能这还是某些古代部落的秘密。它有多重要，举个例子，一个部落的人，用泥建一个炉子，然后找到矿石冶铁，就可以把铁给冶出来。在东非，某部落掌握了冶铁技术，它就可以横行非洲撒哈拉以南地区。同理，一个部落发明了凸透镜取火，别的部落可能要倒霉了。

我们可以看到过去吗？

想象一下：你高喊几声，而后这些声音以大概 340 米 / 秒的速度在空气中快速传播。假如声音不衰减，它会传出很远的距离。接下来你以比声速快得多的速度去追自己的声音，10 分钟后，你超过自己的声音，并在前方停了下来。而后，你会再次听到自己 10 分钟前发出的几声喊叫。你听到了自己过去的声音！

那么，我以同样的方法去追自己发出的光，如果能超过这些光，我是不是就能停下来看到自己过去的样子？以上是爱因斯坦 16 岁时就开始思考的问题。

后来，爱因斯坦证明光速无法被超越。因此在上面的例子中，你无法亲眼看到自己过去的样子。但是下面的情况是有可能发生的：

我们知道，人之所以看到物体，是因为物体表面发出或反射的光进入人眼。你的学习、玩耍等静止、运动行为，都会被从身上反射的光记录下来，并传播出去。

而光是有一定速度的，假如遥远的星球上有个外星人，它会在一段时间后看到你发出的光。根据这个星球距离我们远近的不同，这段时间可能是 1 年、10 年或者 100 年……那个星球的他现在一抬头朝你这边看来，看到的是多年之前的你，是不是很神奇呢？

再举个例子，太阳是一颗散发着强烈光芒的恒星，它并不特殊。这样的恒星仅在银河系内就有几千亿颗，银河系外会更多。距离我们最近的恒星是半人马座的"比邻星"，这颗"别人的太阳"距离我们有 4.2 光年。

也就是说，它 4.2 年前的样子被你看到了，因为光射过来需要 4.2 年，上面如果一个人做了一个动作，喝了一杯水，这个动作会形成一个画面，然后以光的形式传播。传了 4.2 年之后被地球上的你看到，但他 4.2 年前就从那儿走了。

还有我们天文望远镜看到的一些恒星，实际上它已经死了，我们看到的是它几百万年前或者几千万年前的样子。

再比如超新星爆发，我们从地球看到的时候，它已经死亡很久了。太阳临死前也要爆发一次，变成一个红巨星。届时，它能膨胀到地球的位置，把地球吞了。历史上古代星象观测了好几次超新星爆发，突然一个星星特别亮。但事实上等我们观测的时候，它已经死透了。

所以，想要看到我们的过去，捕捉到那个年代的光就可以了。有朝一日你能追上光，把它捕捉到，你就能看到了，这种情况又称为超光速。如果你真能做到超光速，就能看到一切。

地球到月球的距离约为38万千米，激光大概一秒钟就到了。假设月球是一面镜子，你这儿摇一下头，然后看这个镜子，你会发现镜子里的你延迟两秒钟才摇头。

手机也一样，手机也会延迟，让你可以看到过去。所以，现在GPS定位要考虑延迟问题，你要是不考虑就不准了。地面的物体动了之后，光信号传上去再下来，这种情况你得计算进去。这就又说回相对论了，如果没有相对论，GPS、定位全都不能用。

因为相对论效应，理论计算和实际会有一个时间差，这个时间也许很短，但它需要不断地矫正，因为卫星一直在天上飞，它会有累积，累积到一定程度误差就非常大了。

风能够推动帆船航行，光也能够推动帆船吗？

光能推动帆船，但是这个帆船不是普通的帆船，而是太空里面的"太阳帆"。太阳会一直往外散发各种射线物质，我们地球一直沉浸在太阳风里。

虽然我们人无法感受到太阳风，但空间中一直存在一种压力，即太阳射过来的光，光子不停地打在物体上就形成了压力。尽管打来的光子都是一些电磁波，但它是有光压的。但由于压强太小了，人的感知又特别弱，所以人是感受不到光压的。

但太空就不一样了，太空里如果做一个大帆船，一面完全没有光，一面受到光照，光打上去之后，它就会形成压强差。可能这个压强对人而言，小到你一个手指，就能挡住这个大帆船，并且，触感就像轻轻地碰了一下。就算这样，这个压强差也是真实存在的。

同理，彗星为什么会拖着个长尾巴？因为太阳在不断地往外吹各种高能粒子，也就是我们刚刚描述的太阳风，它是能够把彗星给吹出个尾巴来的。

太空里面是真空，没有重力和阻力，所以哪怕是微弱的一点点动力，都会给太阳帆船带来很大的动能。这也是为什么太空上的发动机，在地球上连杯子都推不动，但到了太空，都能把飞船推着往前走。太阳风帆船也是这个道理，以少积多，慢慢地，帆船的速度也会越来越快。

因此，太空中航天员，都不需要怎么动。毕竟，稍微一个力，就会用力过猛、飞出去。所以在太空，要真有发动机的话，只用很小的动力，就可以改变飞船的运行轨道，改变飞船的运动状态。这也是为什么太空漫步，要用绳子拽着，因为一不小心就会跑远回不来了。

回到太阳帆，光推动它，只需很小的力，但这个力，即这

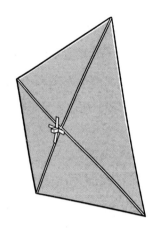

个光压产生的力会一直存在。并且，在光压下它会一直加速，
加速到一定时间，几乎可以接近，甚至达到光速。那么小的力
量，只要时间足够，积累得足够，就一定会产生明显的效果。
我们的生活也是这样，每个人每天进步一小点，长时间之后就
会形成巨大的进步。

　　当然，太阳帆完全是一个案例，或者完全是一个实用的东
西，只不过它能运送的东西比较小，毕竟，太阳帆的力量太小
了。如果用太阳帆运送一个非常轻的东西，足够时间之后，它
能达到接近光速，这个时间可能还挺快的，甚至不需要一年。
如果运送比较重的东西，可能需要许多年之后，才会有一个可
观的速度。

　　最后，利用光的案例里，最普遍的是用太阳能。那么大个

的火箭，绝大部分的能量都是为了摆脱地球引力。真到了太空，不需要太大的能量，用光就可以了。而目前，基本上所有的卫星宇航器、空间站，都是主要靠太阳能电池板在运行。

　　结尾，给大家提一个小问题，如果想要太空旅行，你们觉得应该怎么利用核能呢？

tips

　　光：电磁波中恰恰能够被我们感知到的那部分波段，它是能量的一种传播方式。

　　光速：光波在真空或介质中的传播速度。

　　电磁波：电磁波是能量的一种，它是电场和磁场互相交替产生并向外传播的一种波。光也属于电磁波。任何物体，都会释放电磁波。

变幻莫测的光与波

　　法国数学家泊松说，如果光是波，那么通过计算可以得出，光线照射一个不透明的盘子之后，会在盘子正后方衍射出一个光斑，但这太不可思议了。所以说，光不是波。结果物理学家菲涅尔把这个实验做了出来，竟然看见了光斑，从此以后这斑就被命名为泊松斑。

　　这个斑很神奇，拿个盘子往那儿一放，这边平行光射过来，盘子后面有一个接收光的光屏，会看到盘子正后方光屏中间有一个光点。这和泊松理论上算出来的光点一样，尽管他当时是为了反驳光是波的说法。

　　阴暗的正中心有一个很亮的光点，说明光只能是波。波通过衍射，可以绕过这个盘子边缘，发生拐弯，最后在盘子正后方形成了一个光斑。只不过，菲涅尔发现，想要真的看到光斑，用来遮挡的那个盘子需要足够小才行。

学到这里，相信大家对于光是波，已经有了一定的概念。为了加深大家对光的理解，我们一起来看看下面的几个小问题吧！

光到底是粒子还是波？

关于光，起初，牛顿认为它是粒子，惠更斯认为它是波。牛顿健在的时候，光的微粒说更流行一些，但光的微粒说后来遇到了实验的死结。

按照牛顿的微粒说，光在水里传播的速度比空气快，因为物质的密度越大，对光粒子的吸引力就越大，所以水里应该更快。但事实观测，光在水里面的传播速度反而变慢了。

扔一个石子在水里形成水波，前面有个挡的石头，波会绕过这个石头继续传播。两个水波纹，会出现相互叠加的干涉现象，我们会发现有些地方振荡很大，有些地方很平静……这些都是波所具有的特性。

对于光是波这一说法，牛顿的粉丝是极力反对的。后来，通过观察到泊松斑，很好地证明了光是波这个观点。后面有更多的实验检测到了光波具有干涉、衍射的特性。这些发现，一下就推翻了微粒说。

再后来，到微观领域，发现光既是粒子也是波，因为有些现象里光表现为粒子性，有些现象里光表现出波动性，这就是光的波粒二象性。

法国有个人叫德布罗意，他原本是学历史的，后面又念了个物理学博士。物理学博士论文中指出，通过爱因斯坦的光电效应，引入任何物体，都具备波粒二象性。宏观物体，你之所以看不到它的波动性，是因为它的波长太短了。

德布罗意本是一个富家阔少，法国的贵族。他那一页纸的论文，很多人不认可，后来发现，他说得太对了，因为后来观测到质子、中子、电子，甚至更大的原子核，都有波动性。

它们有光一样的特性，会发生衍射，也会发生折射，甚至会发生叠加。但如果你的物体太大了，算出来你波长太小，就基本上观察不到波动性了。

德布罗意也凭借这一页纸的论文，于 1929 年拿到了诺贝尔物理学奖，还当了法国科学院的永久秘书，其重要性与院长相当。1932 年就火速被提拔为巴黎大学物理学教授，1933 年被提拔为法国科学院院士。

静电是怎么回事？

当人受到摩擦、摸门把手、脱衣服的时候，都能感受到静电。之前讲过原子的组成，原子中间是原子核，周围飞的是电子。一旦原子丢了一个电子就会带正电被另一个原子把电子给吸走就会带负电，总之就会让物体带电，从而产生静电。

相当于有带正电的，有带负电的，你的手可能带正电，门把手可能带负电，你一接触就会有电流传导，就像是触电了。

带电物体靠近的话，可以发现它们会相互吸引，这也是一种静电现象。你可以做一个实验，你拿一支笔和头发摩擦，可能笔对电子的吸附能力要强一些，然后头发上的电子就被笔给吸走了，然后你头发就带正电，笔就带负电了。这时，你拿笔再靠近头发，就会发现头发会被笔吸起来。

电子是可以转移的，人们也利用这一点做出了许多电气设备。比如老式的电视机，就是靠电子管往外发射电子来工作的。

往外射电子的时候，如果供着电，电子会不断地发射出来。电子管中阴极一旦加热，容易失去电子，之后电子在磁场的作用下，沿着固定方向、轨道跑出来。电子带电，电子通过磁场，在磁场里受力了，朝一个固定方向往外跑，打在荧光屏上，就能显示电视画面了。

我们周围充满了看不见的波？

假设大气层突然消失了，我们人类也会无法生存，即使不考虑气压的原因，也有其他原因。

这就不得不提宇宙射线了，宇宙射线就是在宇宙中充满的一个个高速的粒子，就像一个个小子弹似的能把人打穿。但大气层把它们基本都拦截、消化掉了。

如果没有大气层保护，人就得不断接受来自宇宙的"枪林弹雨"。虽然这些"枪林弹雨"，看不见、摸不着，且极小，但却能把你身体打穿。

所以，人也不能总照 X 射线，辐射会影响到你。那些特别小的粒子能穿过你的身体，可能被你身体给吸收，直接打到细胞核里，这样你细胞核里的 DNA 就受伤了。

补充一下，DNA 就是一个生物大分子，里面包含了遗传信息。粒子，要比分子小很多。宇宙射线里可能有一些质子，质子就是组成原子核的东西，比如氢原子，氢原子核就是一个质子，外边是个电子，组成了原子。这些射线中有些粒子是带正电的质子，它能把分子给破坏掉，一下就把 DNA 分子给打散了。这种辐射，在宇宙的真空状态下会更多。

广义上，太阳光也是宇宙射线，太阳光不经大气阻挡，人会很容易患癌症。太阳光中有很多辐射性很强的射线，尤其是 X 射线、紫外线，很容易穿透人体的皮肤，进入到人的细胞中。在草原上，即使不是毒辣的太阳，晒一会儿皮肤也会爆皮，这是因为草原上空气比较稀薄，对太阳光线阻挡得少。

而光属于特定波长的电磁波，在这个波长范围内，我们人能够通过眼睛感受到光。但是，电磁波还包含光以外的、你感受不到的东西，比如 X 射线、γ 射线。电磁波只是宇宙射线的一种，宇宙射线还包含了很多质子在内的其他东西。

怎么才能没有辐射？如果温度到达绝对零摄氏度，也就是零下 273.15 摄氏度，世界就会变成纯死寂状态，到那个时候，没有能量转化、所有的分子也不再运动了。最终宇宙结果就是，没有光，也没有任何辐射。

　　总之，了解宇宙中的光和波，你才能够去探索宇宙，探索外太空，才能理解向外发展的意义、了解天体物理或者更多的知识。你只要到了外太空，肯定避不开宇宙射线。

tips

粒子：能够以自由状态存在的最小物质组分。

静电：一种处于静止状态的电荷。

第 四 章

神奇的能量

能量跟你想的不一样

　　原本，牛顿称运动的能量（energy）为活力。有了活力，物体就会活动或者动起来；一旦失去活力，物体就会停止运动。活力，就是能量的一种形式。能量还有很多其他的形式，比如被举高的物体具有势能、燃料的物体具有化学能等。

　　任何一个封闭系统，比如我们的宇宙，最终的结局都是能量的平均分配，不再有能量的起伏。也就是说，所有的物质都往死寂的方向去发展。

　　熵增就是能量平均化，最后不再有能量的流动，整个宇宙没有了活力。就像水一样，水面高度都一般高了，没有任何的起伏，水就一定不再流动了，一片死寂。

　　宇宙虽然在走向熵增，但生命却是逆熵增的，所以可以说，生命就是一种逆熵。从这个角度来说，生命就是能够把能量聚集起来，逆着它的平均化趋势，去创造一些东西。人类苦苦寻找各种能源，都是为了逆躺平趋势，为地球提供活力，比如太阳晒过来，如果人不利用它，它就会耗散到太空中。而逆熵增的做法是，用太阳能电池板把它收集起来，存到电池里面。

虽然整体太阳系的趋势是死寂，但地球不是一个封闭系统，可以不死寂。有太阳这个外在的能源，我们能捕获住它的能量，就能改变我们地球小环境的死寂趋势，逆着来做事。或许将来，在太阳系以外，我们能捕获新的更大的能源来逆这个趋势。

好了，相信大家对能量是什么已经有了基础的了解。下面，通过几个有趣的问题，我们再一起加深一下印象吧！

我做功了吗？

做功可以逆"躺平"的趋势，比如，正常情况下，水是往低处流的，但做功把水从低处往高处运，做这种逆向而行的事就叫做功。就好比，为什么说学习、锻炼很困难，因为那是需要逆"躺平"趋势的。宇宙也一样，最终都是走向热寂，宇宙的本性也是惰性。

我想通过锻炼长肉，你想通过锻炼减肉。咱俩为什么很难坚持下来，因为这件事本身，就是要跟宇宙逆着来，是要做功的。所以，为什么说人是活着的，因为人就是要逆"躺平"这种趋势的，而没有生命的东西则是顺着宇宙的死寂趋势的。

下面就聊聊做功的问题。

小强用力推小壮，小壮纹丝不动。根据功的定义 W（功）= F（力）· s（位移），因为小壮没有移动距离，所以小强没有对小壮做功。可小强又觉得很累，因为他推小壮，消耗了能量，小强觉得自己一定做了功。那么，小强到底有没有做功呢？

接触物理学不久的情况下，一定要先相信课本上的公式、定理、定义是正确的，这是建立物理思维的基础。说到做功，是指一个力作用在物体上使物体在力的方向上移动了一段距离。既然小壮没有移动距离，那么 $s=0$，因此 $W=0$，小强对小壮做功就为零，即没有做功。

可小强又觉得自己消耗了能量，这其实是小强在推小壮的过程中，身体的肌肉细胞需要克服一定的阻力去重新调整位置和形状。对生物体来说，"非自然状态"一般要消耗能量，自然状态基本不消耗能量，就是躺平状态。所以，小壮虽然很累，但是消耗的能量都给了肌肉细胞了，没有对外做功。

想象一下，躺下是不是很轻松？躺在床上，就接近"自然状态"，这时咱们的肌肉几乎不消耗能量。而站立、走路等行为是"非自然状态"，要消耗能量，但这并不是说你一定做了功。

能量到底是什么？

能量可以靠转化来提供，比如用电或者燃气来加热，也可以靠搬运来获取，搬运的效率更高。比如电暖气和空调，哪个费电？电暖气费电。即使电暖气 100% 把电能转变成热能，也比空调费电。因为空调的供热效率可能达到 200%，因为它是把能量从别的物体搬来，从低温物体往高温物体搬，它只花费了一份能量，但它搬了两份能量过来，比你单纯地靠自身能量转化效率要高，更省电。冬天取暖，想要达到同样体感温度，空调一定比电暖气省电。

特斯拉创始人马斯克在车上应用热泵空调，也是这意思，它的能量效率更高。如果拿电池的电能直接转换成热能，电动车电池会急剧衰减，但用热泵来搬运热量，就会高效很多。包括我家里面洗澡，原来是热水器，后来热水器坏了，买了热泵机。我发现热泵机确实省电，它可以从空气里吸热，电能消耗得很少，里面有小压缩机在转。

所谓的能源，就是能够提供能量的物质资源，这里的能量是聚集在一起的。利用能源的过程，就是能量转化的过程。

什么是能量守恒？

宇宙能量是有限的，不能凭空消失，也不能凭空创造，只能从一种形式转化到另一种形式，从一个物体转移到另一个物体。最简单的例子是，咱们吃的任何东西所蕴含的能量都来自太阳。太阳一照，植物进行光合作用，把太阳能转化成生物能，造出香蕉、橘子等食物。我们吃了它，就转化为身体的化学能。

因此，人活动的能量，都来自太阳。太阳辐射到我们地球，被我们固化了这些能量。这个过程，有进有出、有出有进，但总体能量保持不变。只不过这个能量从你身体流动了一下，流过去之后，能量又出去了，但总体还是那么多。

相当于我们整个身体，包括思想，都是向宇宙借来的，最终大家都要还回去，都会灰飞烟灭。任何一种封闭系统，能量是守恒不变的，能量就那么多，然后平均分配。你必须从外界引入新的能量，才可能打破封闭系统的熵增（能量平均化）。

整个宇宙就是一个封闭系统。封闭系统里能量总量是不变的，只不过人从能量多的地方，拿出来一点自己用，用完之后能量又要耗散掉。拿来用又耗散掉，不停重复。最终，所有的能量都会归于平均。

正因为任何封闭系统，最终一定趋于平均主义，所以我们要积极地跟外界交流，成为自己正能量的来源。不要老做井底之蛙，封闭在小圈子里。过于封闭的小群体，最后都是趋于死寂，这是自然界的法则，因为你没有外来的新能源，你的能量就那么多。

怎么打破封闭系统？就是从外界获得新的能量补充。地球如果是一个封闭系统，早死寂了，就是有太阳这个能源不断地给我们补充能量，才有了活力。我们为什么要多做事情，为什么要多跟别人沟通，为什么读万卷书不如行万里路，就是因为可以获取新的能量提升自己。

很多朋友说我付出了很多东西，为什么没有得到那么多？短期来看，它不一定是绝对的守恒，但从一个更长的周期，一个人的整体人生来讲，付出和得到是相平衡的。

以国家、民族来说，某个民族，人家横行历史，安稳了好多年，但可能祸延子孙，子孙后代严重退化，从此从世界上消失。另外一个民族整天受剥削、受挤压，但生存能力很强，最终很可能会崛起。恐龙很强大，但很快灭绝了，反观体型小一些的动物，却满世界都是。

能量：一个系统对另一个系统做功的能力。现代物理学已明确了质量与能量之间的数量关系，即爱因斯坦的质能方程 $E=mc^2$。

能量守恒定律：自然界普遍的基本定律之一。一般表述为，能量既不会凭空产生，也不会凭空消失，它只会从一种形式转化为另一种形式，或者从一个物体转移到其他物体，而能量的总量保持不变。

热寂说：热力学第二定律的宇宙学推论。热寂说指出宇宙将不可避免地陷入一个静止和死亡状态。

功：表示力对物体的作用在空间上的累积。国际单位制单位为焦耳。"功"一词由法国数学家古斯塔夫·科里奥利创造。

几种常见的能量

　　眼下，关于我们知道的能量，力学上有动能、势能，电磁学有电能，热力学有热能，光学有光能。此外，声波也有能量。宏观来看，这些能量形式各异，但是本质上却是相同的，它们都有相同的单位：焦耳。

　　在宏观领域，能量是可以互相转化的。比如，化学能转化成热能，热能转化成机械能，机械能转化成电能，动能转化成势能。到了微观领域，就涉及量子力学了。

　　此外，能量和力差不多属于两个领域。力是物体间的相互作用，包括四大基本力：强相互作用力、弱相互作用力、电磁力、万有引力。

　　而能则是一个相对虚无的东西，你没办法说，"拿出一份能量""这是一份能量"。能量可以从数字上体现出来，宏观上，它表现为各种形式，比如前面提到的热能、光能。物体有对外做功的能力，就说明物体有能量。

总的来说，能就是一个状态量，就是有做功的能力。比如你有存款，你有花钱的能力。在封闭系统里，能量是守恒的，就像财富是一定的，它只能从一个人转移到另一个人，从一个家庭转移到另一个家庭，从一个账户转移到另一个账户，但总体保持不变。

花钱、消费、投资这个过程，相当于做功。

假如一个保龄球，让它动起来，就具有动能；如果在高层楼上，保龄球还有势能；能点着燃烧的话，还有化学能；搁在上亿度的高温下还能聚变，拥有核能。如果动起来之后撞倒瓶子，就是保龄球在对外做功，输出了能量。

总之，能就是个状态，一旦没有能量了，就没有做功的能力了，相当于账户为零，花钱消费的能力也就没有了。

接下来呢，咱们再具体看一看，能量是如何表现出来的，又有哪些物理原理。

蒸发为什么会吸热？

从微观角度来说，水分子通过分子间作用力束缚在一起，形成了液态。要挣脱液态，分子要剧烈运动，等于有外界的能量给这些分子，转化成分子的动能。

我们说，温度是用来描述分子剧烈运动程度的物理量。吸热之后，分子剧烈运动，就可能挣脱分子间作用力，水分子就会从液态水中跑出去，变成水蒸气。之后，如果温度降低，运动就没那么剧烈了。而它吸收的能量主要用于挣脱束缚，比如100摄氏度的水和水蒸气，温度一样，事实上，它们的分子无规则剧烈运动的程度是一样的。

反过来，100摄氏度的水蒸气变成液态的100摄氏度的水，会把原先吸收的能量放出去。这也是为什么二者相比，100摄氏度的水蒸气把人烫伤更加严重，因为它要多放出一部分热量。

但是，在这100摄氏度的水里，并不是所有的水分子剧烈运动的程度都一样，只是平均起来是这个状态。实际上，这是一个正态分布，有的特别快，有的特别慢，大部分处于中间状态。这就跟班级平均分似的，大部分同学处于平均分附近。

水蒸发会吸热，所以夏天的湖边、河边，总是那么凉爽。从微观的角度来说，是运动得更剧烈的水分子走掉了，剩余的

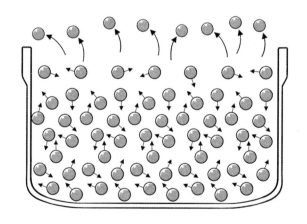

水分子就平均表现为热量变少，所以蒸发是把水本身的一部分热量给吸走了。

做个类比，假如我们原来都住在集体宿舍，每个月都挣钱，谁挣到一定数目之后，就可以买房子，不用住宿舍了。随着买房走的人离开，剩下人的平均工资降低。而只有不断地补充财富、吸热，才能维持剩余群体的平均工资。或者，走的那几个人，从剩下这几个人每人兜里掏了一块钱，他们才能走，表现为吸热。剩下这些人还得想办法从外界挣钱，才能慢慢把温度提上来。

"热"究竟是什么？

烧开的水很热，放在热汤中的铁勺很热……那么，"热"到底是什么呢？

19世纪中叶（1850年前后）以前的物理学家们认为热是一种物质，它可以像水一样流动。可是，这种说法后来被证明是错误的。英国物理学家焦耳和德国物理学家鲁道夫·克劳修斯发现了热的本质：热只是分子快速运动的表现形式。

热，是分子的无规则运动的表现。越热的东西，分子平均运动得越快。或者说，分子运动的宏观表现就是热。

比如灼烧感，其实就是这种微小颗粒撞击你皮肤的感觉。一群分子运动得非常剧烈，撞击你皮肤表面的分子，你就会有刺痛感，那就是灼烧感。灼烧就是许多小的分子，砸得你疼。

让运动更快的分子跟运动不快的分子接触，运动更快的分子就会撞击那些运动不快的分子，让那些运动不快的分子也快起来。好比，一个乒乓球运动起来了，撞击其他乒乓球，会把能量传递给其他乒乓球，让大家都动起来。但最终那个最早运动起来的乒乓球的速度也会降下来。

传热的逻辑，比如非常热的一块铁贴到你皮肤上，表现为你的皮肤被灼烧了，实则是你的皮肤把铁块的热量吸走了，或者说铁块的热量传给了你的皮肤。

微观上就是运动更快的分子撞击运动不快的分子，让不快的分子也快起来了。你的皮肤分子运动快起来，人受不了，宏观上表现为烧伤。

微观本质就是这样，为了宏观上更容易理解，人们称其为热。如果人是一个小细菌，就没热这回事。小细菌跟分子撞来撞去，没有热。谁撞得更厉害，谁运动得就更剧烈；谁撞得不厉害，运动就不剧烈。

地磁场是怎么保护我们的？

地磁场来自地球中心的铁核，它在不断地旋转。地磁场是有极性的。

据说，地球南北磁极已经颠倒了好多次了，现在磁极也是斜着的，不是正南正北。

至于具体的磁极颠倒的时间，也许是好多万年一次。磁极颠倒过程中，可能会存在一段没有地磁场的时间。没有地磁场就危险了，可能生物大灭绝跟这有关，这会导致好多依靠地磁场导航找方位的动物找不到食物和配偶。

其实更危险的是宇宙射线，就是主要来自太阳的射线。地磁场会大量阻挡宇宙射线，地球南北极处的极光就是这样形成的。宇宙射线，包含很多高能带电粒子，在地磁场作用下被刷向南北极，然后在南北极聚集，导致空气电离，就形成了绚烂的极光。如果没有地磁场保护，高能粒子就均匀地打到地球上了，对我们非常不利。

地球南北极由于在地磁场的南北极附近，磁场方向不像地球别的地方那样能够有效阻挡宇宙射线，所以那里承受了非常

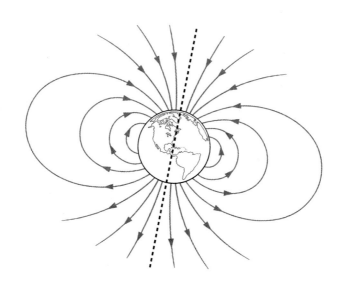

多的宇宙射线。比如，企鹅就忍受着高能的宇宙射线，它们已经完全进化到比较适应宇宙射线的状态，北极的驯鹿也一样。但我们普通人没有经常被宇宙射线照到，到那些地方会非常不适应。一般人要是在宇宙射线强的地方待久了，会受不了。

当然，我们的射线主要来自太阳，而地球是倾斜的，太阳照过来之后，太阳光线基本不会直接射到南北极。如果其他宇宙射线过来，有可能直接打到南北极里面去。

从上面的描述咱们已经知道，地磁场对于生物的生存非常重要。如果南北极再颠倒一次，可能会出现物种大灭绝，人类消失，地球文明重启。要知道，每 2 700 万年，地球物种基本都消失一次。地磁极颠倒其实是有迹可循的，在地幔深处，人类发现有些小的磁铁的磁极方向，跟现在的地磁场方向是相反的。

暖气管里为什么不是气，而是水？

很多年纪小的人，应该都没见过气暖。过去有过这种供暖方式。气暖是一种比较老的供暖系统，特密集一片，跟摩托车散热片似的。一旦蒸汽压力过大，气体就会喷出来。为了保证气体平衡，气压阀压力过大，就放点气。所以，气压阀的作用无比重要。气暖的弊端是摸着烫，但不暖和。这种气暖，四五十年前还存在，但到了现在，基本上已经演变成了水暖。

气暖中是水蒸气，由于含水量有限，虽然温度高，但放热能力有限，没有水暖储存的热量多。

水暖则是一个大粗管子，暖气片里面是水。水暖不会像气暖那样摸着烫但不暖和。因为水的比热容大，它的吸热或者放热的能力强。相当于，它放出很多的热量，温度基本上只降低了一两摄氏度。反过来，它要吸收很多的能量，温度才能上去。

这也是为什么海边城市四季气温差别不大，大海就是一个大的储热设备，冬天放热，夏天吸热。相反，大陆性气候的典型特点就是冬季特别冷，夏天特别热。

俗话说，新疆、内蒙古早穿棉、午穿纱。如果你去这些地方，早上起来你会觉得羽绒服都扛不住，冻得不行；到中午12点，又热得不行，大家全部换成了短袖。

暖气管里之所以用水而不用气，主要是因为水的比热容高，能够让温度保持相对稳定的状态。大家明白了吗？

tips

吸热：物体吸收外界的热量。

地磁场：地球内部存在的天然磁性现象。可视地球为一个磁偶极子，其中一极位于地理北极附近，另一极位于地理南极附近。

相对论和量子力学

　　力学中，运动有相对性，在不同参照系里，你观察的运动速度不一样。但在光这里，失效了。

　　牛顿认为时间是绝对的，物体跑得快，从一个地方到另一个地方花的时间就短；跑得慢，花的时间就长。你如果在火车上往前扔东西，这个东西的速度，就是你在地面上抛出的速度加上火车的速度。

　　比如，对面有一个人骑摩托车过来，骑得很快。你只需要拿个小纸团，"啪"地打在他头上，能打得他非常疼，因为纸团相对他的速度非常快。这在牛顿力学里完全成立。

　　另一个场景里，有个静止的人在远处坐着，另一个快速骑着摩托车过来的人，这次"啪"地打一个激光。问他俩测量的光的速度是否一样？

　　测出来两者的光速是一样的，这是所有的物理学家一直困惑不解的一个点。

假设，光速是 c。我在 0.5 倍光速的飞船上往前打出一束光，按说这束光应该是 1.5 倍光速，可是实际上它的速度依然等于光速 c。而且发出的这束光，无论是在 0.5 倍光速的飞船上去测，还是在地球上去测，都是 c。

另外，根据传统的观念，时间一定是均匀流逝的，谁也不愿改变固有观念。爱因斯坦把这个观念改变了，如果我们认为时间可变，就会极其顺利地把狭义相对论推出来。

狭义相对论利用的是光速不变原理和相对性原理，认为光速在任何参考系中都是不变的，而所有的运动都是相对的，所有的物理规律，在任何参考系中，都有相同的形式。

基于这两点，爱因斯坦提出了狭义相对论，相当于颠覆了传统时空观。在这个新的时空观中，时间不再是均匀的，而是一个相对观念，不同参考系中有着不同的时间。

你坐在快速飞行的飞船上，打出一个光，跟你坐在地面上不动，打出去的光，无论在哪里测量，二者的速度是一样的。尽管你在飞船上，飞船有速度，跑得非常快，但两个光的光速一样，爱因斯坦得出的结论就是飞船上的时间变慢了。

对大多数人来说，相对论是一个非常深奥的理论。我们不需要现在就掌握，但可以通过了解它，去更好地观察身边的事物。下面我们就一起去看看与相对论有关的一些小故事吧！

相对论是怎么提出来的?

1905 年，爱因斯坦连续发表 5 篇著名的论文，其中一篇提出"狭义相对论"。然而，爱因斯坦很快意识到"狭义相对论"与牛顿的"万有引力"存在矛盾。为了解决这个问题，爱因斯坦花费 10 年，于 1915 年提出"广义相对论"。

爱因斯坦基于光速不变的情况，提出了狭义相对论。狭义相对论认为，我们看宇宙飞船上的人都是慢动作，他看我们却是超快动作，像是快镜头加速播放一样，有点像天上一日，地上一年。

一旦人接近光速或者速度非常快，他周围的时空跟一般人所处的时空就会明显不一样：一个天上、一个地下，他觉得只过了一天，其他人已经过了一年。但直到现在，宇宙飞船的运动速度，还没有达到人感觉得到的时间变化，因为它离光速的大小还很远，尽管这个时间变化能够被精确测量出来。

但飞船上的导航必须考虑这一点时间差。就像卫星上的导航，你要考虑因为相对论效应引起的时间变化，不考虑这个时间变化就会产生很大的误差。一个导航芯片测量的时间都是毫秒级、纳秒级，人肯定感知不了那么微小的时间，但如果不考虑上述时间变化，就会积累成很大的时间差。

时空是一个东西，不是分开的两个东西，你在时间上跑得快，在空间上跑得就慢。你在空间上跑得快，在时间上跑得就慢。

你静止不动，时间流逝最快。所以人要动起来，一旦动起来，时间就会变慢。如果你在飞船上运动得足够快，你活了100岁之后，回来看地球上可能已经经历了上万年。

以后的某一天，如果飞船真的超光速了，那些真正离开我们的人，就能跟我们见面了。即使只是达到光速，你也可以等到宇宙的生命尽头，因为等到那时候，时间对于你来说就是停止的。

相对论讲了什么？

爱因斯坦的相对论为我们描绘了一个令人惊奇的世界：宇宙通过大爆炸生成，有坍塌成无底深洞的空间，天体附近的时间会变慢，高速运动的物体上时间也会变慢、质量却会变大……而这就是可观测的、可证实的我们身处其中的世界。

不过说到质量，它有两个属性，一个属性是质量越大，运动起来后越不容易停止，这叫惯性；还有一个属性是物体质量越大，对别的物体的吸引力越大，这叫引力。就像太阳非常大，能吸引到包括地球在内的行星。黑洞质量更大，能把所有东西都吸进来。

而广义相对论最大的贡献是认为引力不是力，它是质量导致时空弯曲的宏观表现。为什么孙悟空跳不出如来佛的手掌心？因为如来佛法力无边，质量太大了，他这个时空是弯的，孙悟空觉得自己走直线，其实在如来佛看来，他就是在转圈。

在相对论看来，地球围绕太阳转，从本质上来说，走的不是圆圈或是曲线，而是走的最近路线。咱们觉得地球绕太阳转，其实地球在时空中走的一直是直线。

在相对论之前，人类以为光都是走直线，但爱因斯坦直接窥探到了真相，即光在空间中是可以转弯的。为什么是爱因斯坦？最主要是因为他这种人，敢于颠覆常识，永远在问为什么，敢于"离经叛道"。

能量是连续的吗？

我们通常认为能量是连续的。比如，水能够从 25 摄氏度升高到 25.1 摄氏度，也能升高到 25.11 摄氏度、25.111 1 摄氏度、25.111 111 11 摄氏度。完全可以连续升高，因为可以连续吸收热量。

也就是说，随着能量的吸收，温度也会逐渐连续上升。这个过程，也是在连续地吸收能量，这是宏观世界对能量的认识。之前人们觉得，能量一定是连续的，但是在微观上，大家发现并不是这样，能量是一份一份的，没有连续一说。

为什么在宏观上你会感受到连续？因为宏观上的感受不精确。比如，你的眼睛没有那么细致入微，许多静止的画面连续播放，我们就会认为视频是连续的，认为里面人的动作是完全连贯的。

可以说，微观世界中的能量是孤立值，而宏观看来却是连续的。孤立值能够虚拟成连续值，就像电影，1秒24帧是孤立值，但我们人看起来是连续的。

现代物理学的两大支柱是什么？

一般认为，现代物理学的两大支柱是相对论和量子力学。

首先是相对论。牛顿定律给人类带来了理论自信，通过牛顿定律，大家可以解释和预测行星的运转、地面上物体的运动。但也有一些牛顿定律解释不了的东西：

比如有些星座的恒星在远离地球；有些恒星在靠近地球；天体团不像牛顿说的均匀分布，即使在太阳系内部，水星的近日点——水星运动过程中，离太阳最近的位置也在移动。当这些新理论没办法用旧理论去解释时，爱因斯坦的"相对论"就出现了。

相对论建立起了一个解释"宇宙中所有天体如何运行""时空是什么""物质和能量的关系是怎样的"等一系列问题的理论。人们发现，牛顿定律只是相对论中的一个特殊情况而已。牛顿定律能够解释的现象，都能用相对论解释。

爱因斯坦的相对论可以说是近代物理学的最伟大成就之一。现代的航空、通信等诸多领域都离不开相对论。比如，相对论指出，高速运动的飞船上，时间会变慢，因此现代的高速运行的卫星在通信过程中就需要考虑到这一点。

其次是量子力学。传统的物理学认为能量是连续的，爱因斯坦却不这么认为，他甚至提出了一种全新的理论——光子能量是一份一份的。这为量子力学的提出奠定了一定的思想基础。在量子世界中，我们前面讲过的"量子隧穿"现象，可以解释很多之前难以解释的问题。

宏观上的量子，就没那么神秘，它是可以测量的一个东西。比如，手机也是量子，因为我们都说一部手机、两部手机，不能说半部手机，半部手机根本不存在。一个人、两个人、三个人，人也是量子。

这跟古希腊的一些理念比较相似，原子的概念是古希腊人德莫克里德提出来的，他认为物质是由一些不可再分的微小颗粒组成的。

最经典的例子，应该就是"薛定谔的猫"了。假如我们设计一个装置，装置中放有放射性物质，放射性物质可能会发出放射性粒子。然后在盒子里装上一只猫，同时放一个毒气罐，只要粒子跑到空间，毒气罐就会被打碎，猫就毒死了；否则，猫就活着。

那好，问猫到底是活的还是死的？答案是，它处在一个既死又活的状态，因为不确定放射性粒子是否会跑到空间。把微观世界的事情转移到宏观世界，看起来就非常荒谬。猫要么死，要么活，你不能说既死又活。但是，在量子力学研究中，既死又活的状态是存在的。

同理，微观世界里一个粒子，能否穿过墙壁或者能量墙，有一定的概率。假如这个概率是1/2，那粒子能不能穿过去，最

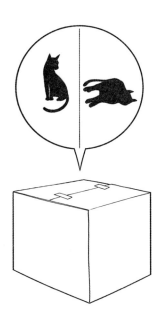

终结果是不确定的。它有 1/2 的概率能穿过去，从量子的世界来看，它就有一半在右边，一半在左边，而且它真的会同时存在于左边和右边。

说个常规一点的，量子计算机。正常情况下，计算机只有 0 和 1 两种状态，但量子计算机除了 0 和 1，中间还有 1/2、1/3 等，这也就说明既死又活的状态是存在的。0～1 之间可以连续变化，人类就可以利用量子态来进行精密快速的计算。

量子计算机一旦出现，一台这样的计算机就比全球所有计算机加起来算力都大。你可以想象，以后的社会，常规密码已经没有用了，世界各大银行的密码一秒钟就能全破解。到一个新的阶段，就是神仙打架，常人理解不了。

目前，对生物学、人工智能等领域的研究"瓶颈"主要在算力。如果有了量子计算机，算力将会极大地提升。之后，分子生物学可能直接迎来巨大的革命。

你想，分子生物学里，一个蛋白质由几千甚至几万个原子分子组成，怎么才能算出这些原子状态？原子跟原子怎么连接？目前没办法算出来，就是因为算力不够。

一旦算力够了，分子生物学里面的所有蛋白质的结构、功能等全被掌握了，生命这种超级的密码就破解了。之后更可怕的是，人类甚至可以进行制造、编辑生命。

以量子计算机为代表的新的工业革命一旦出现，可能就意味着地球文明进化到了更高维度，人类长生不老的愿望可能也只是一个技术可以解决的问题而已。

狭义相对论：阿尔伯特·爱因斯坦在 1905 年发表的题为《论动体的电动力学》一文中提出的区别于牛顿时空观的新的平直时空理论。"狭义"表示它只适用于惯性参考系。这个理论的出发点是两条基本假设：狭义相对性原理和光速不变原理。

广义相对论：描写物质间引力相互作用的理论。其基础由爱因斯坦于 1915 年完成，1916 年正式发表。这一理论首次把引力场解释成时空的弯曲。

量子力学：研究物质世界微观粒子运动规律的物理学分支，主要研究原子、分子、凝聚态物质，以及原子核和基本粒子的结构、性质，与相对论一起构成现代物理学的理论基础。

世间万物的尽头是熵增

对很多人来说，"熵增"这个词很陌生，甚至有些人听都没听过。咱们在前面已经提到过熵增是怎么回事，这里简单再说一下。实际上，熵增的过程，就是一个自发地由有序向无序发展的过程。在发展的过程中，难免会与能量产生联系。熵增的过程，也是能量均匀分配的过程，最终能量不再有起伏，不再有流动。那么，熵增还有什么更重要的意义呢？熵增和时间有什么关系？我们不妨带着这些问题，一起走进这一节课的学习中。

时间为什么不是均匀的？

爱因斯坦 16 岁时就在思考，人如果追着光跑，像光速一样快，光还是波动的吗？或者还是一个粒子？它会怎么跑、怎么运动？

后来他以光速不变为前提，提出了狭义相对论。狭义相对论认为，时间并不是人们认为的那样以相同的速度前进。比如，你乘坐宇宙飞船去太空飞了一圈，再回到地球上时，会发现你身上的钟表变慢了。

那么，是不是只是钟表会变慢呢？真实情况是，不只是你的表会变慢，你飞船上的所有东西，包括你的身体，都比地球上经历的时间短。

倘若飞船接近光速，你飞行一圈回来，会觉得自己只是走了几天而已，而且你飞船上的钟表，你的身体情况，你在飞船上干的事情，都只是几天时间，但是地球上的确已经过了几十

年甚至几百年。

地球具体经历的时间，取决于你飞船的速度。你飞船的速度越快，地球经历的时间越长。如果你的飞船非常接近光速，地球上可能早已沧海桑田，过了几百万年之久了……

为什么会这样呢？时间不是应该对谁都是公平的吗，怎么跑得快了，还能长生不老了呢？其实，跑得快并不能长生不老，因为即使地球过了几百万年，那是地球的事，跟你没多大关系。你在飞船上感受到的的确只是几天，而且你也只能做几天的事，跟你平时感受到的几天没有任何区别。只是呢，你的飞船一旦快速跑起来，就和地球属于不同的参考系了。

牛顿时代研究的问题都是在惯性参考系。惯性参考系里面的物体如果是静止的，或者是匀速运动的，那么这个物体在任何方向上都是静止或匀速的。如果是静止物体或者匀速直线运动的物体，以惯性参考系看，它的任何物理公式都符合经典物理学公式。

不过，一旦到了非惯性参考系，它就不符合了。举个例子，咱们在电梯里，电梯往下掉，掉落下去之后，你就飘起来了。电梯是封闭的，你其实判断不出来电梯是在加速下落，还是在太空中飘着，因为这两种情况下，你都会在电梯里飘着。

经典物理学根本解决不了这些问题：受力怎么会飘起来？引力是怎么回事？你到底在做加速运动还是处于静止状态？

像古代人没有宇宙观，觉得全部世界就是地球。但假如地球围着太阳转时，出了一点意外，停顿了一下，地球上所有人就都飞起来了，但人们根本不知道发生了什么。

这些问题，都得靠相对论来解决。其实，关于狭义相对论，如果没有爱因斯坦，也会在几年之后被提出来，因为已经走到那个临界点，只不过人们还不愿意相信，时间竟然不是均匀变化的。

由光速不变原理和相对性原理，爱因斯坦提出了狭义相对论，最终以时空是一个东西，而不是两个东西为结论。时空既然是一个东西，你在空间跑得快，时间就会跑得慢。

对于人来说，将来能明显感觉到时间不均匀，因为到时飞船的速度会非常快。你跑得快，你会发现别的地方时间就流得快。而你在地面抬头看快速飞行的飞船上的宇航员，他的时间就流得很慢，他的动作就是慢动作，可能他咬一口馒头的时间，你这边都过去一天了。

时间的流逝为什么总是单向的？

时间的单向流逝，其实要看怎么定义，这里的定义就是从熵增，也就是从有序走向无序的角度来说的：时间的方向就是熵增的方向。而熵一定只有一个方向，那就是熵总是在增加的。即宇宙中的所有物质，都是在从有序走向无序，而能量也在走向均匀。这也便是时间的唯一的方向。

当然，也许更高维度的生命，能把时间还原、倒回去，但是我们这个维度的生命是无能为力的。

整个宇宙都在走向熵增。在密闭系统里，熵永远是在增加的，即无序性在增加，越来越无序。因为宇宙是一个封闭系统，宇宙最终会走向热寂，全部都无序化。但现在是有序的，因为有序你才有意识，才有思想，才可以把这些能量聚集起来。

你看书上这些文字排列得多有序，想要有序，就一定要做功——打字。宇宙最终走向热寂，这些书籍文字到时都会灰飞烟灭，全部都会混乱无序。

所以物理学上理解的时间，跟日常生活中理解的时间不一样，物理学上理解的时间是从有序到无序的过程。

但是，人在追求有序的东西。有个说法是，生命的价值就在于抵抗无序，抵抗宇宙的熵增。人的思考、想象力、创造，都是有序的行为。例如，收拾房间，可以让房间变得有序，某种程度上来说，这也是在抵抗宇宙的无序。不幸的是，追求有序要消耗能量，之后这些能量也会耗散，最终都会走向无序。

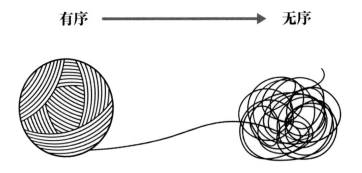

有序 ⟶ 无序

但是，生命虽然是在抵抗无序，但它的确加速了宇宙的无序，因为生命消耗资源去创造有序，比如写这些文字，创造这些内容，其实使得能量的消耗更快了，制造了更多的无序。

有科学家说，宇宙把生命创造出来，或许就是为了加速自己的无序，加速自己走向热寂。如果没有生命，宇宙可能还会更慢一些走向死亡。现在人类的存在，生命的存在，虽然在努力创造有序，但整体却是制造了更多的无序。

按照经典物理学的观点，如果我们对物体运动的初始数值的测量足够精确，对科学的理论掌握得足够深入，我们可以预知世界的每一步变化。哲学上有人认为，现在的世界就是由上帝录好的录像带，在不断重放……那么，我们每个人的生命还有什么意义？

真正的意义在于不确定性。真实情况是，从现代科学的角度，我们无法预知未来，因为这个世界是一个混沌状态，本质就是不确定性。为什么说人生跟这很像？因为人生也充满了不确定性。生命的底层就是不确定的，是概率分布的。比如教育，你能保证一定把孩子都教育好吗？哪个孩子能成材，哪个不能成，根本无法确定。只能说因为你的介入，你懂教育，你提高了孩子成材的概率。

如果从宇宙熵增的角度来说，那么人类所有的知识经验的传承和传播，都是在创造有序，对抗无序，这也是生命存在的意义。但对于宇宙来说，人类的行为实际上很徒劳，反而会加速整个宇宙的无序。

馒头伤人事件中的熵增如何理解？

在一辆快速行进的火车上，一个人不小心掉出一个馒头。一个铁路工人正在铁路旁边走，馒头正好砸中他的脑袋，把他砸晕了。

为什么会发生这种现象？因为馒头从火车上掉下去，有一个非常快的速度、一个非常大的动能，砸着人的脑袋之后，停下来了，然后能量就传给那个人的脑袋了，这样脑袋就会受伤、发热，然后热量耗散掉。

那个人获得了新能量，用一个有规律的姿势倒下。倒下那一刻，把能量传给地面，能量再次耗散。馒头掉到地上，把剩余能量又耗散掉了……

上述过程进行了一次又一次的熵增。

我们知道，整个宇宙都在走向热际，都在走向死亡。人类一直都在抵抗这种死亡，抵抗无序。实际上我们抵抗的同时，又增加了外界的无序，增加了整个宇宙其他空间的无序，加速了宇宙的死亡。所以一旦宇宙中有其他文明看到我们，第一件事可能就是消灭我们。

如果我们和外星人相遇，会不会被他们消灭，或者我们消灭他们？我倾向于人类会胜利。我们是智人的后代，而智人直接或间接消灭了其他所有种类的猿人，像我国境内的元谋人、山顶洞人、北京猿人，欧洲和中西亚境内的尼安德特人。要知道，这些古猿人并不是我们的祖先，只有我们的祖先智人取得了最终的胜利，我们是遗传了智人的先天生存能力的。

即使人类将来会被灭掉，现在也应该好好生活。好比最活跃的量子，在湮灭之前，它对旁观者来说没有意义，但它本身享受了那一段绚烂的时光，所以对它本身而言很有意义。同理，不停救助流浪猫，也是有意义的。因为你不是活给宇宙看，你是活给你自己看。

所以，虽然宇宙早晚会热寂，为什么还要探索火星，拯救人类，就在于活出自己的意义。你对宇宙来讲可能没有意义，它早晚会走向热寂，但对我们自己有意义。我们也觉得，或许宇宙不是封闭的，宇宙之外还有宇宙。

tips

惯性参考系：可以均匀且各向同性地描述空间，并且可以均匀描述时间的参考系。

非惯性参考系：相对于惯性系（静止或匀速运动的参考系）加速运动的参考系称为非惯性参考系。地球有自转和公转，我们在地球上所观察到的各种力学现象，实际上是非惯性系中的力学问题。

熵增：这个过程，是一个自发的由有序向无序发展的过程。

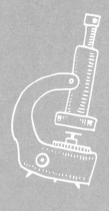

第 五 章

有趣的实验

实验室里的精巧实验

很多人都做过实验，从幼儿园的时候开始，老师就会让我们做一些简单的实验。通过这些实验，我们真切地感受到了变化，体验到了生活的神奇之处。为了加深大家对物理的了解、激发大家对物理的兴趣，我们带大家做几个小实验，和大家一同领略物理的魅力。

神奇的小罐为什么又滚回来？

如果你在一个桌面上，推一个躺着的瓶子，松手后瓶子会向前滚去。但如果你做一个装置，用一个没有瓶底和瓶盖的瓶子，像下面图中那样在瓶子的四个脚口系一根橡皮筋，橡皮筋上系一个重物。然后把瓶子放在桌面上，将瓶子往外一推，推出去之后它会倒回原来的位置，还会倒退一些。这是什么

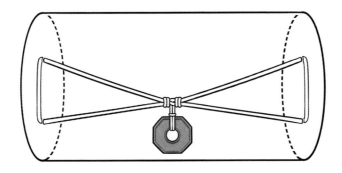

原理?

因为你推瓶子往前走，重物一直在坠着，然后橡皮筋就会扭动，相当于给橡皮筋上劲儿，这个过程会让它储存能量，这是弹性势能。走着走着，走不动了，橡皮筋就储存了一部分弹性势能。

相当于你一推，你推的能量，让瓶子有动能。但为什么走着走着走不动了，因为动能逐渐转为弹性势能。如果你没有在瓶子那儿绑橡皮筋，瓶子会走好远。正因为有了橡皮筋，它就会像踩了刹车，然后橡皮筋会把储存的能量释放出来，扭动瓶子，瓶子就会立即就往回走了。

但为什么它反过来滚回来更多? 因为惯性。如果没有摩擦，它会来回这么滚。如果把这个东西放在斜面上，你会发现一丢，它滚到一定程度不滚了，静止在斜面上，这是力的平衡。

这个实验告诉我们，能量是可以转化的。等于我一推，给它一个初始速度v，它开始做减速运动，减到零之后往回返。回来经过初始点，速度还是v，然后反向做减速运动。

这个原理可以运用于储能的工具。比如手表——机械表，拧的发条就是储存弹性势能；同样原理的还有玩具——可上劲儿的小青蛙。上劲儿过程中，动能转化成弹性势能，弹性势能是储备，储备之后再转化为动能。

装水的玻璃瓶水越多发出的音调就越高吗？

找10个玻璃瓶，装上普通的水，你就可以把瓶子当乐器。这里有两种发声模式，一种是吹它（吹瓶口），吹它的时候是瓶子里的空气在振动；另一种是敲它，敲它的时候是水和瓶子一起振动，它的两个音调恰好相反。

如果是空气振动的话，装的水越多，空气越少，音调就越高、越脆、越尖。装的水越少，空气越多，音调越低。

同理，拿出一把尺子平放在桌子上，露出桌子边缘。让尺子的一端露出来短一些，拨动它；再让尺子的一端露出来长一些，拨动它。你会发现，出来得越少，它振动得越快，音调越高。

所以说，参与振动的物质越少，音调越高。鼓，越大个，敲起来声音越低，小孩儿的拨浪鼓声音就很脆。因为大鼓参与振动的物质多，振起来就比较缓慢。在玻璃杯里面装些水，敲水杯，水越少，参与振动的物质越少，声音就会越清脆；水越多，响声越闷。

总结一下，玻璃瓶装水越多，吹的话，音调越高，就是声音越尖；敲的话，音调越低，就是声音越闷。因为吹的时候是空气在振，水越多空气越少，越容易振动起来，振得越快，所以音调高声音尖。敲的时候，水越多，它越不容易振起来，振得慢。谁振得快，谁声调高，这是一定的。

温度计测量的温度到底是谁的温度？

温度计测量的是温度计里面液体的温度，温度计里面如果是水银，就是水银受热膨胀，水银膨胀跑到哪个位置，就测出来是哪个数。这个过程，你只是拿温度计显示的数字去代表温度计外部的温度。

我们测量时，会假设外部的温度跟温度计里面的温度是一样的，外部温度和温度计里面的温度都稳定了，不再互相导热了，就说被测量的是什么温度，这就是用温度计去表征外部温度。实际上两个温度是没法完全一样的，因为本质就不是一个东西。你最终读出的还是温度计里面液体的温度，但是你要测的是温度计外面的温度。

用温度计测量温度时，当温度还在上升的时候，你就读了一个数，肯定跟外面温度差别很大。所以必须得等稳定了再读数，

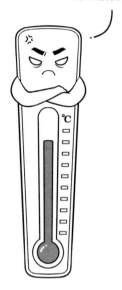

我也是有脾气的!

比如水银温度计测量体温，用时 5 ～ 10 分钟，就认为温度计里外温度恒定了，其他的实验室温度计也是测几分钟就可以了。

而那些温度测不准的东西，热容量一般比较小，一测就改变它的温度了。

比如，一薄层水，你要测这一层水的温度，就要插一个温度计。热量就从水里面传给温度计，一传，水的温度就降低了，它一降低，实际温度是多少，就不准了。

你本来想测它原来的温度，但你测它这一行为，就让它的温度降低了。包括所谓的检查，它会影响、打乱你既有的生产、生活结构，你老检查，大家就别干活了。你做一个胸透，都会对你的身体有影响。

所以，任何测量都会改变被测物体，你得到的答案是你自己感受到的答案，而不是真实的答案。就好比人对事物的体验，是真实的还是只是感觉？真实和感觉，永远无法分辨，因为你只能通过你的感官去输入，你一旦输入，就有偏差。

生活中发现的户外实验

实验室中的实验，往往是为了完成学业要求，很多朋友可能会不喜欢。而户外实验呢，往往源自生活，就是发生在我们身边的事情。做这样的实验，趣味性更足，实用价值也更高。接下来，我们就一起做一下下面的户外实验，看看能从中收获什么吧！

房间内说话，为什么比房间外说话声音要大？

大家是不是有过这样的感受：在房间里说话，会比在房间外说话的声音大？其实，这是因为声音传递到墙壁，反射回来，形成了回声，这个回声和你原来的声音叠加，一起进入到你的耳朵里了，所以你会感觉声音挺大。要是在嘈杂的室外，几个人坐在一起说话，那可能得用吼，你才能听到。因为声音一说出去，它直接跑了，在屋里的话，它都回来了。

但你可能会奇怪，回声为啥会和原来的声音叠加在一起呢？人不应该先听到自己说话的声音，再听到回声的吗？你能这么思考，说明你善于观察生活，而且在动脑子。

的确，人有时是可以听到自己的回声的，比如站在一个山崖前，或者站在一个墙壁前，对着前面喊一声，很快就能听到自己的回声。但是，想清楚听到自己的回声是有条件的，那就是必须离前面的墙壁、山崖等反射声音的障碍物足够远，至少得 17 米。

为啥是 17 米？因为人耳朵能够分辨两个声音的时间间隔是 0.1 秒，如果两个声音的间隔时间小于 0.1 秒，人就会把这两个声音当成一个声音了，比如人在普通大小的房间说话，声音反射回来的时间小于 0.1 秒，于是人就把这个声音也当成了自己说话的声音，两个声音加在一起，就显得声大了。如果两个声音大于 0.1 秒，这个时候人就能分辨出是两个声音了。声音在空气中的速度约是 340 米 / 秒，人站在障碍物前 17 米，声音一去一回走了 34 米，正好回来的时间是 0.1 秒，人就能分辨出回声了。

如果房间太大了，回声就可能很明显，我们就能清楚分辨是回声还是原来的声音，这样大声说话的话，就会影响自己原来的声音了。这个时候，我们需要想办法把回声给消除掉。比如有些大的音乐厅，为了让观众只听到音乐的原声而听不到回声，人们就在音乐厅的墙壁上面贴一层材料，这层材料能够把声音给吸收掉，而不再反射回去。其实，专业些的演播厅、录音室等地方，都会在墙上贴这样一层材料。

现在你明白了，在房间里面说话，声音比在室外大，其实是你在房间内听到了自己的回声，而且把回声当成了自己发出的声音，把这两个声音叠加在一起。所以说，并不是只有在山崖前大喊才能听到自己的回声，平时在屋里说话也能听到回声，只不过你分辨不出来罢了！

举一个哑铃爬三层楼和举三个哑铃爬一层楼，两次做功相同吗？

从物理理论上说，这两种方式做功是相同的。你看后文这个图，假如第一次实验，我把底下这个球拿到最上面，相当于拿着一个球到四楼。第二次实验，我拿着这三个球都往上走一层，也得到了同样的结果。

在我不告诉你的情况下，你不会知道我是怎么做的，因为这三个球一模一样。我可能是拿着一个球到了四楼，也可能是我拿了三个球都往上走了一层，如果只看结果，你是无法判断我是怎么做的。

但是现实情况是，你会感觉到，拿一个哑铃爬三层比拿三个哑铃爬一层更累，尽管你对哑铃做了同样多的功。因为现实情况中，你的主要做功是克服你的体重。如果抛弃体重的影响，你对哑铃的做功是一样的。你想这哑铃能跟你体重比吗？你感到累，是因为你需要对抗自己身体的重量。

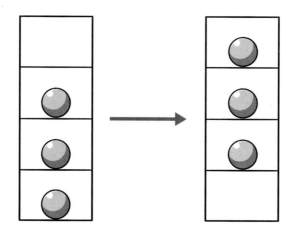

即使你不举哑铃，你爬三层楼，都会比拿着三个哑铃爬一层楼更累。

理论物理中的公式：$W=Fs$（W：功；F：力；s：距离，指在力的方向上力移动的距离）都是一阶量。F 和 s，一个增加三倍，一个缩小到三分之一，结果是一样的，它们都是一阶量。现实中用哑铃体验后，发现感觉不一样，但其实对于物体的做功是一样的。

很多物理难题，都很反常识。也正因为物理这个特点，基本上学明白了之后，考试考不住你，除非是故意错，否则基本全是满分。学不明白的就考得不好。毕竟，物理是自然规律，搞懂自然规律，难不倒你！

很多时候学习就像上面的做功情况，我们最大的经验就是，我们总觉得自己付出多和少，但是结果很多时候都是一样的。其实这是因为，在学习的过程中，你付出了好多，但无效做功占比太高了。就像看似结果一样，你拿一个哑铃爬三层，一定比拿三个哑铃爬一层更累，因为前者无效做功太多了。

我的有效做功是搬哑铃的功，但我 80%～90% 的功都是在克服我的体重。如果能大大地压缩无效做功，效率就会大大地提高。所以，你要找到让你自己舒服的姿势去做事情。消耗多少，每个人的感受是不一样的。

学霸和学渣最大的区别是什么？学霸就是喜欢寻找最短路径，学渣就是给条路就照着走，但是最重要的是在做功这件事上。所以，你要找到一种你最舒服的最适合你的方法，否则，盲目按照别人的方法来会很吃力，搞来搞去消耗很大。

咱们要把三个哑铃搬到三楼，你该怎么搬？一个人举着一个哑铃到三楼，然后回来再举一个到三楼，然后回来再拿一个到三楼，这是一种方法。第二种方法是举着三个哑铃跑到一楼、跑到二楼、跑到三楼，直接一趟搬了。

比较一下这两种方法，一种方法是一次搬一个，第二种方法一下子搬三个。省力的一定是轻的，搬三回，每次用的力都很小。但是，你要想省力就得增加作用距离，跑三次，这样做的无用功也多。你要想减少作用距离，就要费力。杠杆、滑轮都是这样的原理。

　　隔热：在热量传递过程中，热量从温度较高空间向温度较低空间传递时，由于传导介质的变化导致的单位空间温度变化变小从而阻滞热传导的物理过程。

　　做功：当一个力作用在物体上，并使物体在力的方向上通过了一段距离，力学中就说这个力对物体做了功。

物理学历史上的重要实验

在物理发展的历史上，有很多经典的实验，它们对物理的发展起到了极大的推动作用。物理学的前辈们，通过自己的一次次实验，为后人带来了经验和理论的总结。回顾这些实验，对我们更好地了解和学习物理会有很大的帮助。接下来，我就和大家一起探索前人的智慧，一起来看看历史上的几个实验吧。

人类历史上第一次远距离无线电通信为什么能够成功？

1901年，意大利发明家马可尼提出向大西洋彼岸传送无线电信号的设想，遭到了许多专家的嘲笑，因为根据当时的测试，无线电波是沿直线传播的，而地球是圆的，所以马可尼这种设想不可能实现。

　　但马可尼坚持进行实验，最终，大洋彼岸奇迹般地接收到了无线电信号，实现了人类史上第一次远距离无线电通信。实际上，实验之所以成功，是依靠了当时还不知道的存在于地球大气层中的电离层，是电离层对无线电波的反射使无线电波能够转弯，得以成功传播到彼岸。

　　这个实验和电磁波有一定的关系。光就是一种电磁波，通常认为，它一定是沿直线跑的。但怎么会在大洋的彼岸奇迹般地接收到无线电信号呢？这个实验很神奇，很多科学家都说不可能，实验者本人也不知道能否成功，但是试试何妨，一试没想到就成功了。

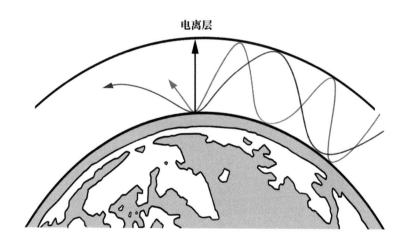

电离层

到底怎么回事？其实电磁波走了一个反射，它已经传到天上去了。天上，也就是地球大气层中有一层电离层，跑到电离层之后，又反射回来了。一反射，正好在大洋彼岸给接收到。

为什么精准地反射回来，并且被接收到呢？因为无线电波发出的波各个方向都有，它不是像一根线发出去就向一个方向传播的光，而是有无数根线往不同的方向四散。它是一种辐射，是一种大范围的发散。

它就是发射天线，如果往外发电视信号或者广播信号，也是打圈的，一圈一圈地往外去辐射，它不是一个单独的方向。单独的方向那种是雷达，雷达是专门对着上空，打到飞机，反射回来，它就知道有飞机。所以，这种发射模式，总有一些电波会发射到大洋的彼岸，让那边接收到。

当时并不知道它是一个大面积的发射，成功全凭碰运气。但敢于尝试，才有可能成功。很明显，这一次尝试的结果，让他自己都蒙了，在所有的理论都不支持，并且他压根儿不知道上面有电离层的情况下，最终成功了。开始他也不知道为什么，后来才研究出是因为电离层的反射。

物理学，很多都是先做到后论证的。得先做到了，才去论证它的合理性。比如，自行车为什么不倒，不知道，计算不出来。这个理论是啥？不知道。但是人类知道，自行车就是可以骑。并且，提出了很多的理论模型。

陀螺是比较稳定的，你碰它一下，它调整一下还转，这属于动平衡。但是静平衡，这东西放在这儿，只一个特别小的接触面，你稍微碰触一下就倒了。动态平衡的接触面越小，就越不容易倒，动态平衡相对来说比较稳定。

微波炉是怎么发明出来的？

1945 年的一天，一个名为珀西·斯本塞（Percy Spencer）的实验人员正在视察他所管辖的一个实验室。这个实验室隶属于美国大型国防合约商雷神公司（Raytheon），该公司在第二次世界大战期间为美国空军提供雷达技术支持。

斯本塞站在一个发射微波的电子管旁时，突然感到了一股莫名的热浪。他看了看自己的衣兜，发现衣兜里的巧克力竟然融化了。斯宾塞感到很好奇，于是派人找来一袋玉米，并把它放在真空管前，结果竟然爆成了爆米花。

经过斯宾塞的思索和研究，终于发现了特定波长的微波的加热作用。在之后不到一年的时间，雷神公司就申请到了用来加热食物用的微波炉的专利。

通过这个实验发现，原来微波还有这种作用，并发现可以让物体发热的根本原因，就是让水分子振动，产生热量，之后还发现这个东西可以直接用来加热。正因为这一发现，原本是用来通信的微波，却因为发现了它的加热功能，而做出了微波炉。

创新很多时候不是创造，而是发现。这里还有一个例子：枪炮厂尝试不同钢材的配比，想制造出耐磨的枪管，但早期的这些枪管，还没打几下枪就炸膛了，只好扔掉。正好有一天，实验人员路过他实验的垃圾场，那里到处都是各种锈迹斑斑的报废铁器，但有些枪管却是锃亮锃亮的，一点儿没生锈。结果才发现，这东西原来还有不生锈的特性，后来就有了不锈钢。这也是实验中的一个偶然。

很多时候我们认为的创新好像要创造一个新的东西，要么就提出一个质疑大家习以为常的东西，要么就是你发现并明白了一个道理。其实，很多创造是通过观察得来的，那些东西早就存在了，只是你还没发现它们的新功能。

光速是怎么被发现的？

1672 年，丹麦科学家奥勒·罗默应邀离开哥本哈根前往巴黎，成了法国皇家数学家，同时教导路易十四的儿子。

当时法国皇家天文台对木星的卫星——木卫一进行了大量的观测，目的是解决在海上测量地球经度的问题，可惜这一问题并没有得到解决。罗默在偶然间查看这些观测数据时，发现了一些奇怪的现象。

他发现木星在近地点（离地球最近的点）时，木卫一从木星阴影里出来的时刻总是比木星在远地点时出来的时刻早 11 分钟，唯一合理的解释只有一个：这 11 分钟就是光走过近地点和远地点路程差所需要的时间。

罗默通过这些数据完成了人类历史上对光速的第一次测量。

推翻了一个人们一直以来的错误认识：光的传播不需要时间。使人类对光的认识向前迈进了一大步。

这项实验也是通过偶然发现，而且是通过以前的观测数据发现的。就是说当时木星离我们近的时候，和离我们远的时候，木星的卫星出现的时间有变动。离得远时比离得近时出来的晚，这个距离已经知道了，就是因为距离远了一些，所以时间稍微慢了一些。

比如，现在是 11:50，我这里也是 11:50。你咬了一口馒头，并立即告诉我。如果这个消息立即传过来——你说你咬了一个馒头，我说我没有看到你咬馒头，结果两分钟之后才看到，这两分钟就是光走的时间。

根据牛顿力学，我们可以精确算出行星什么时候出现。木星的一颗卫星，每次它什么时候出现，我们早就精确算出来了。但是发现这个时间并不精确，有时候早，有时候晚，而且最快和最慢的差了 11 分钟。

后来发现这就是离我们最近点和最远点光的传播，有一个路程差。路程差就造成时间差，因为光传过来需要时间，从而算出了光速。知道了光的速度，我们还可以算出太阳光到我们这儿，大概能传 8 分钟。

说到历史上的实验，这些学者最大的不一样，就是会问为什么，追寻原因。敢于尝试、重复尝试。最后能把这个原因找到。我们的世界都是怎么改变的，很多现象发生了，大多数人无动于衷，觉得这就是很正常的现象，而有的人就会追问，为什么会这样?

　　普通人会认为,可能是自己的实验出问题了。斯本塞兜里的巧克力怎么化了?可能对于普通人来说,它化了就化了,也不会去追究。但是就是有些人会去追问为什么,并找出原因。

tips

　　无线电波:一般是指"无线电",是一种可以在自由空间传播的电磁波。

充满思考和探究的思想实验

所谓的思想实验，就是一种在脑子里面做的实验，但是这个实验有推理，有过程，整个过程都符合物理理论，他们通过一步步往下推，推出最终的结论。

比如，整个广义相对论，爱因斯坦就在脑子里推导过无数遍。但在生活中，很多小朋友都喜欢在视觉里面去学习，而不是在大脑里面去推演，这样就不能享受到思考的乐趣。

为了让大家体验思想实验的乐趣，我特意给大家准备了两个小实验。接下来，就让我们一起在实验中锤炼思想吧！

假如光速很小，这个世界会发生什么？

假如光速很小，我们基本上能追上光速，你在屋里坐着，而我出去跑两圈，回来发现你可能就已经老了。

但问题来了，这种情况，你也不敢跑步锻炼身体了，因为你一锻炼身体，时间对你就基本上停止了。光速要是像车的速度一样，我开个车在外边溜一圈，回来你们都不在了。变成我一个人回来了，这样会搞得大家都不敢出远门。

因为你们的时间还在正常地流逝，而我的时间变慢了。我感觉我就出去了1分钟，或者在路上喝了口水，回来就发现你们全老了。

速度越快，时间越慢。就像做了一个梦，飞了一圈回来，大家都变老了；你光速走一年，大家早没了，回来可能地球都没了。

但这仅仅是想象，因为光速是难以达到的，甚至想接近光速都很难。从相对论的角度，人一旦达到光速或者物体一旦达到光速，一是时间会静止，二是它的质量会无限大，能量会无限大，它会变重。光子是没有静态质量的，所以它是唯一能达到光速的物质。

你只要有静态质量，哪怕电子，也永远都不能达到光速。达到光速，质量就变得无限大，会把所有东西都吸进去，所以它没办法达到光速。光子没有静态质量，你只要有一丁点儿的静态质量，你永远不能达到光速，你只要达到了光速，你的质量就变得无限大，而质量无限大，理论上不可能实现。所以，理论上就不可能达到光速。

我出这道题是想告诉大家，世界很奇妙，竟然被光给限制了。咱们所有的速度，无论是快的、慢的，都不可能超过光速。

一旦接近或达到光速，一切就都变了。但人世间所有的一切是在光的照耀下产生的，光是我们人真正意义上最高的限制，没有它，就没有世界万物。

什么问题是可探究的？

日常生活、自然现象中许多现象会让我们产生疑问，把疑问陈述出来，就形成了问题。但问题分为可探究的和不可探究的两类。

比如，人生的意义是什么？人的信仰是什么？人为什么活着？哪种品牌的运动鞋更好？为减少污染和交通拥堵是否应该限制小汽车的使用等涉及价值选择、道德判断、个人爱好方面的问题，没有办法探究，也没有一个终极答案，这玩意儿是发散性的问题。

可探究的问题一定是汇聚性的，一定可以用科学的方法去进行定量的研究。比如，现在的温度适合出行吗？现在的温度适合锻炼吗？一个人感受舒适的温度是不是不能超过 30 摄氏度？纯水和盐水哪一个结冰更快？这都是可探究的，都是汇聚性的问题，并且可以通过实验信息予以回答。

总的说来，什么是可探究的，可以延伸到什么是科学的。怎么才叫科学，有的人说是可重复验证，但是最核心的理念，就是科学命题是可以被证伪的，理论上可以被证伪，非科学命题是你无法证明它错了。

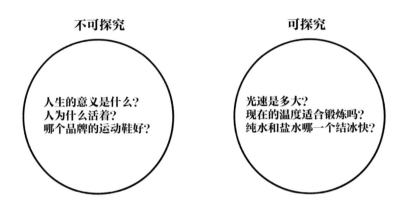

不可探究

人生的意义是什么？
人为什么活着？
哪个品牌的运动鞋好？

可探究

光速是多大？
现在的温度适合锻炼吗？
纯水和盐水哪一个结冰快？

　　科学命题，是在理论上看你有没有证明它错的机会。比如相对论，假如我找到任何一个粒子的速度超过光速，相对论就被推翻了。所以，相对论是科学命题，因为理论上我能证明它错。就怕理论上无法证明它错了，这就不是科学。

　　但并不是每一个科学问题都可以进行探究，当问题太泛化或太模糊时，就难以进行科学探究，比如"是什么影响气球贴到墙上？"一般而言，可以探究的科学问题描述的是两个或多个变量之间的关系，其中的变量是可检验的。

　　也就是说，可以探究的科学问题中的因变量和自变量都是可以观察或测量的。例如，"增加气球与头发的摩擦次数会改变气球贴在墙上的效果吗？"在这个问题中，气球与头发的摩擦次数是自变量，气球贴在墙上的效果是因变量，我们通过改变自变量就可以检验因变量怎样变化。

一个可探究的科学问题可以有不同的陈述方式，常见的陈述方式有下列三种：第一，某个变量影响另一个变量吗？例如，导体的长度影响导体的电阻大小吗？第二，如果改变某个变量，另一个变量会怎样变化？例如，如果增大导体两端的电压，导体中的电流就增大吗？第三，一个变量跟另一个变量有关吗？例如，电流跟电压有关吗？

科学探究的过程是围绕可探究的问题展开的，正是由于有了可探究的科学问题，才能使探究过程具有明确的方向。这里，再给大家举一些可探究的例子吧。

比如，纯水、盐水哪一个结冰更快？应该是盐水结冰更快。再深一步，不光是有盐，是有杂质的水更容易冻上。如果水质太纯，有时候到了 0 摄氏度还没有冻上，如果往纯水里扔脏东西，瞬间就冻上了。

还有，之前研究过的电梯加速下落。爱因斯坦有过这样一个思想实验，电梯在地球引力作用下加速下落，掉下去之后，人就会在电梯里飘起来。这个时候，如果电梯是完全封闭的，咱们在里面是感受不到是在加速下落还是静止的，因为压根儿不知道外面什么情况。

我们可能会认为，自己是静止的。因为看到整个电梯被封得严严实实的，如果这时候有个东西在电梯里动着，比如一个球，在匀速直线运动。但在电梯外面的人看来，这个球一定不是走的匀速直线，而是走的弧线。所以，在探究科学问题时，不同的角度看到的现象是不一样的。如何把不一样的现象统一起来，形成同一个理论，也是科学探究的目标。

还是在加速下落的电梯里，你打一个光子，按理来说，光应该沿着直线走。但是在电梯外面的人看来，光射过来的时候，电梯在加速下落，光子竟然走了一个弯路，这就让人非常疑惑。

爱因斯坦就认为这个弯曲是由加速度引起的，因为电梯有一个加速下落的速度，引起了光线的弯曲。但是，电梯之所以加速下落其实是因为地球的引力，本质还是地球引力导致了光线弯曲。因此，爱因斯坦推算，当一个物体的质量非常大的时候，光线经过它附近时会发生弯曲。而且，加速度和引力可能就是一回事。

以上电梯下落的实验和推算过程，都是爱因斯坦在大脑中猜想推测的，是一个非常著名的思想实验。最终，爱因斯坦的推算都被实验证明了，后来的物理学家真的测量到了光线受到引力会发生弯曲。

思想实验，不需要实际去做，用正常的推理就可以推出结论来。爱因斯坦通过科学探究，把不同角度观察到的现象做到了统一起来，创建了广义相对论。广义相对论，是目前人类的最高智力成就。

思想实验：使用想象去进行的实验，所做的一般都是在现实中难以做到的实验。

变量：数学中，没有固定的值而可以变动的数或量；计算机语言中，为值可以变更的数量或数据项。

第六章

神秘的宇宙

庞大而美丽的天体

　　宇宙，对于我们而言，一直是一个非常神秘的存在。在浩瀚的宇宙中，有很多我们未知的事物。大家经常提到的黑洞，它究竟是什么？宇宙中真的存在钻石星球吗？人类如果能到宇宙的任何一个地方，是不是就能得到一切资源了？对于这些让人感觉神秘莫测而又想一探究竟的问题，我们其实都能找到答案。今天，我就带着大家一起来探索这神秘的宇宙，领略宇宙中天体的奇妙瞬间。

　　黑洞是一个洞吗？

　　2019 年 4 月 10 日，科学家首次拍摄到了真实的黑洞照片，这张照片意义重大。为了拍到黑洞，科学家动用了全球 8 个天文望远镜，组成了一个巨大的观测网络。

这个网络就像把地球作为一整个望远镜，来对黑洞进行持续观测，我们现在看到的照片就是这些持续观测的数据最终合成的结果。

我相信有朋友会好奇，黑洞不是不发光吗，怎么拍到的照片？确实，黑洞不发光，但是黑洞周围有一些物质，被黑洞吸引，吸到之后，会往里掉。在掉落的过程中，会产生辐射，这些辐射被捕捉到了。这样拍出来的照片，就是一个明暗的对比照，中间那个暗黑的洞，就是黑洞所在了。黑洞原来只是理论上才存在的东西，它是计算出来的，科学家们也计算出了它周围的辐射应该是什么样子的。现在观测到的现象符合这个计算结果，就证明了它是黑洞。

我们知道了黑洞真的存在，那么它到底是怎么来的呢？太阳燃烧尽了，会变成白矮星。但那些比太阳块头大十倍以上的星星，会变成中子星或黑洞。

在宇宙中，比太阳大十倍以上的恒星有无数颗，它们最后的结局可能都是黑洞。由于它们离我们太远，所以看起来都只是一个亮点，但当它们变成黑洞前，一般会闪烁一下，那个时候就会变得非常亮，之后变成了黑洞，我们就再也看不到它们了。

一旦变成黑洞，光都无法从它身上逃脱，意味着任何光，射进去之后都出不来。而它本身也不发光，看起来就像一个黑色的无底洞一样，其实它是一个天体。

黑洞里面具体是什么物质，目前还不知道。因为它密度极大，大到数学上称为无限大，理论上可以用一个无穷大的符号来代表。同样地，黑洞处的空间的弯曲也是无穷大。

既然对黑洞几乎一无所知，也没办法深入其中去探究，那么我们为什么还要研究它呢？因为它是宇宙中一个很神奇的现象，是物理学里最神秘的概念。

银河系中的黑洞数量就有成千上万个，可是人类目前观测并证实的也就几十个。之所以数量很少，主要是因为黑洞很难被观测到。而且这些被证实的黑洞绝大多数距离地球非常遥远，很难进行拍摄。

由于黑洞本身不发光，我们只能找一些"合适的"黑洞进行拍摄，不但距离要合适，而且这些黑洞周围必须有气体、尘埃等物质，它们能在黑洞边缘发生一些奇特的物理现象，比如发出可见光和其他一些辐射等，这样这些黑洞才可能被拍摄到。

而且，限于人类目前的观测条件，尽管人类在伽利略时代就发明了望远镜，而且目前的望远镜也非常先进了，可是相对于宇宙的浩瀚与邈远，人类的这些望远镜还是太落后了。

黑洞理论是物理学中很新很前瞻的理论，既涉及天文学，又涉及量子力学等先进分支学科，研究清楚了黑洞理论，很可能会促进整个人类的物理学和其他学科的发展。

钻石星球上都是钻石吗？

钻石星球，主要是由碳元素组成的一个星球。碳元素在一定的压强之下，会变成钻石。比如，一个星球大小正好合适，而主要是由碳元素组成的，星球中心就会形成一个钻石。

星球中心的钻石可以说全是高纯度的钻石，比地球上的钻石还要纯，取之不尽、用之不竭。我们想要什么样的钻石，几乎都能找得到。

当然，目前来说，这样的星球，更多地存在于"想象"中，因为它是科学家在理论中提出的一个可能存在的星球类型。假如说，真的有这样的星球，我们又能把这些钻石拉回地球来，钻石一定会大降价。

那么，根据现有的观测，这样的星球真的存在吗？真能找到吗？曾经有科学家通过观测和计算，推测出观测到的某些星体内部很可能是钻石，比如白矮星 BPM 37093，小行星 PSR

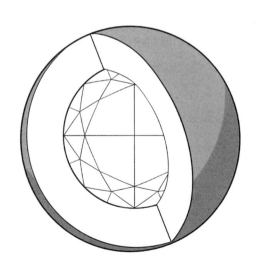

J1719-1438 和巨蟹座 55e。不过，它们离地球太远了，最近的也有几十光年，想要开采它们目前还不可能。

当然，我们都知道，钻石是世界上硬度最高的东西，它是经过雕琢的金刚石，很坚硬。

说到这里，我相信可能有人要反驳我，钻石很容易坏掉，其实钻石的硬和脆是两回事，不矛盾。它很脆，很容易被其他东西砸碎，但是它也能把其他东西划开，它几乎能在所有的东西上都划上印，别的东西却在它上面划不上印。也就是说，钻石硬度非常高，但是韧性不足。

钻石是可以燃烧的，它的里面都是碳，在有氧气的情况下，只要温度足够高，最终会烧光。

世界上最完美的球体是什么？

说到最完美的球体，就目前已知的情况来说，地球已经是很完美的了。如果同比例缩小的话，地球甚至比乒乓球还要光滑。

觉得难以相信吗？那大家不妨发挥一下想象力，如果有一天，出现了一个超级巨人，他把地球压缩成手机屏幕一样大小。这个时候，你会惊奇地发现，同比例缩小之后的珠穆朗玛峰，你根本摸不出任何的触感。我们生活中经常有那些盘手串的人，可是无论他们盘多少年，都盘不出像地球这么光滑的手串。

地球一直在围着太阳转。如果把太阳缩得非常小，把地球的轨道也同比例缩小了，你会发现，地球的轨道比你用地球上任何一个圆规画出来的圆都要圆。你无论怎么画，都画不出这么"完美"的圆。所以说，我们平时画地球轨道的时候，画成一个很扁的椭圆，那是平面画图的手法。

再说一个非常日常的案例，在失重条件下，水滴由于表面的张力，会形成一个很完美的球体。相当于水滴靠自己对自己的吸引力吸在一起，它就是个完美的球体。

你吹个泡泡，也是完美球体，如果没有蒸发，按理来说都是永远不会破的。但为什么我们看到泡沫破了呢？主要因为重力的关系，泡泡水会往底下汇聚，而上面却是越来越薄。

当然，也有比地球更完美的球体，比如太阳。还有些科学家认为，更完美的球体是中子星。

因为中子星的密度极大，它上面的一块乒乓球大小的"土壤"，足以抵得上一亿头大象的质量。中子星是如此致密，所有粒子（只有中子）都紧紧挤压在一起，几乎没有任何空隙……这也导致它的表面极其光滑，任何的突起都会塌缩下来。

它有多光滑，不夸张地说，就算你拿显微镜把它放大 100 倍、1 000 倍、10 000 倍，它的表面还是非常光滑。

宇宙中存在"流浪星球"吗？

科学家们发现，很多和地球大小类似，且可能有适宜温度的行星，距离太阳系都非常遥远。而且，太空中还存在流浪行星，它们不依附于任何恒星，在空荡荡的太空中穿梭。偶尔也会遇到别的恒星系统，但大多都会被甩出这个星系。

而且，流浪行星的数量很可能远多于恒星系统中的行星。据估计，太阳系可能在数十亿年中驱逐过10颗左右的流浪行星。你是不是很好奇，流浪行星没有依附的恒星，没有阳光，是不是就没有生命？

科学家认为，行星内部的放射性物质可能为生命提供能量，正如我们地球内部之所以还保留着高温，就是因为放射性物质辐射产生了大量的热量……

此外，关于流浪星球，有人猜测，它是不是外星人的飞船，就像刘慈欣在《流浪地球》中描绘的场景，地球快毁灭之际，让地球流浪起来，人藏到地底生存，整个地球飞出太阳系，在宇宙里面穿梭。

不过这只是一个猜测，它到底是不是飞船，里面有没有生物，我们不知道。我们只知道流浪星球，没有任何恒星吸引它，它也不需要任何的恒星，不需要太阳。一些进化失败、没有吸引到足够多的物质的行星，像木星等，周围如果没有恒星，都会变成流浪星球。

流浪星球的形成原因有很多，比如它物质少。宇宙开始爆炸的时候，物质互相吸引，互相扎堆，结成各个小群体。结合得大的，大家一抱团，就成了恒星。有的抱的团比较小，就没成为恒星，而且可能被甩出去了。

另外，星系和星系之间也会相撞。比如，银河系可能和另外一个星系相撞，撞了之后，有些行星可能就被甩出去，之后就成了流浪星球。

而月球和地球的关系，可能是在太阳系形成的时候，同时甩出了两块岩类物质，大的成了地球，小的成了月球，这样月球就是地球的兄弟。

还有一种可能是，月球是地球的"老婆"，月球是外来的流浪星球，路过地球，地球引力把它俘获了，就成了地球的"老婆"。当然，也有可能月球是地球的"孩子"，地球形成初期，凝结得不够结实，转的时候太快，把它的一大块甩出去了，甩出去的就是月球。

超新星爆发是怎么回事？

铁元素是大质量的恒星内部产生的，它是所有元素中原子核最稳定的元素，因此恒星内部发生核反应，会不断积累铁元素，铁元素就会积聚在恒星的中心。恒星内部积累的铁元素越多，这颗恒星就越接近死亡……

这种大质量的恒星，在接近生命末期的时候，会在自身的引力下坍缩，而后发生反弹，形成猛烈的爆炸，这就是超新星爆发了。在大约一周的时间里，它的亮度会比 10 亿个太阳还要亮。

中国古代记载超新星爆发，有完整的历史记录。在古代，人们并不知道什么是超新星爆发，但是他们突然看到一个特别

亮的星星，而且持续好多天，就把它记录下来。现在来看，它其实就是超新星爆发。

恒星临死之前，都会回光返照一下，它的亮度会突然爆发很多倍。比如现在那些大恒星，如参宿四等，等它们死的时候，可能瞬间就爆发了。

爆发的一瞬间，就是它们最后的绚烂时刻。甩出去外层这些物质之后，它自己就剩下一个孤零零的内核，这个内核可能会不断地收缩，最终变成中子星、黑洞等。

超新星爆发前，氢的燃烧过程最慢，恒星基本都是氢在燃烧。等它进入氦燃烧的时候，就已经快消亡了。然后就是超新星爆发，把氦都烧完了，如果说质量足够大，就可以点成氧、碳等元素。

如果星体质量小，点不着，它就会变成白矮星。白矮星在没超新星爆发的时候，就已经熄灭了。我们的太阳最终就会变成一颗冷冷的白矮星。

经常有人问我，为什么研究宇宙的天体？我说，我们人自打生下来之后，一直问自己几个问题：我是谁，我从哪儿来，我最终到哪儿去？这是哲学问题。研究天体可能为了回答我们的终极问题——我们是谁，我们从哪儿来，我们最终到哪儿去。

tips

黑洞：黑洞是广义相对论中，宇宙空间内存在的一种天体。

超新星爆发：由中国北京大学研究员东苏勃领导的一个国际研究团队宣布，他们观测到人类历史上记载的迄今最强的超新星爆发，最高亮度相当于 5 700 亿个太阳。

浩瀚宇宙中的神秘物质

在浩瀚的宇宙中，除了我们已知的那些天体，还有多种多样的神秘物质。比如说，地球上的黄金，它是宇宙小行星——陨石撞击地球后留下来的。地球上本身是无法形成黄金的，而且金是一种纯物质，基本上没有化合物，也不会转化成其他的物质，它一般比较稳定，也不容易消失，所以很适合做货币。

其他的元素，大多以化合物的形态存在，纯质很少。比如铁，就有铁锈红，油漆、菠菜中也含有铁元素，但它们都不是纯铁，都是铁的各种化合物。

除了大家熟知的这些物质和元素，宇宙中还有一些神秘的物质，比如说，大家常常听到的暗物质，它是什么？是很黑的东西吗？很多人听到这个词，都是一头雾水。但是，想要深入了解神秘的宇宙，这些知识是必须要懂得的。

对于暗物质的研究，目前并不十分充分。但是，暗物质，起码是人类无法感受到的一种神秘物质。

有的人可能会有疑问，既然暗物质无法被感知，又怎么去判断它是不是存在呢？尽管暗物质是看不见摸不着的，但它有一个特性，就是具有引力，暗物质就是因此才被发现的。在我们的身边，暗物质也许存在；而在宇宙中，暗物质一定存在。

具体来说，暗物质是怎么被发现的呢？当一个星体围绕某个物体做环绕运动的时候，一定是这个大质量的物体吸引着它。而且，旋转速度越快，星体越有可能被甩出去，而中心吸引它所需要的质量就越大。

但人们通过观测发现，某些物体的质量并不足以让星体围着它转。如果只有这么点质量，这些星体直接就飞出去了，根本吸不住。因此，科学家推测这里面一定有暗物质，咱们虽然看不到它，但是它发挥着引力的作用。

对暗物质的研究，目前发现，它唯一的作用就是引力作用，就是吸引其他的物质。如果没有暗物质，整个的银河系边缘的星星，早该甩出去了。但是现在飞不出去，说明中间有更多的质量。

目前发现，暗物质不会发生任何的反应，所以很难通过直观的表现去判断它的存在。但是，如果把物质、能量看成一个整体，那么所有的明物质，也就是所有的能量、桌子、手机等，只占整个宇宙物质能量的 5%，而暗物质的比重却有 26%，足足是明物质的 5 倍。

除了暗物质，世界上还有反物质。很多人会把这两个概念混淆起来。反物质是一种物质，它看得见、摸得着。比如，电子应该带负电，突然发现一个带正电的电子，它就是反物质。把带正电的电子和带负电的电子一合并，瞬间湮灭，变成能量。

聚变是为了消耗质量，产生能量，但绝大部分质量，不会被消耗。反物质则不是，它的质量消耗达百分之百，能量释放极大。可能一个小指甲盖大小的反物质，一旦碰到正物质，直接湮灭，并释放出巨大的能量。那种能量，肯定会比原子弹、氢弹要大得多。

什么是暗能量？

物质间有引力作用。对整个宇宙来说，如果没有某种能量，根据我们观测到的这种物质和我们已知的科学结论，我们的宇宙就不应该是现在这样。我们的宇宙在加速膨胀，一定有一种我们未知的神秘力量，让它呈现现在的这种加速膨胀状态。我们把这种未知的神秘力量，称为暗能量。

除了前面提到的明物质的 5% 和暗物质的 26%，剩下 69% 的能量，都是暗能量。而且，暗能量更神奇，它就是一个计算出来的结果。正是因为暗能量，宇宙才会加速膨胀下去，这都是算出来的。因为宇宙在加速膨胀是一个观测出来的事实，所以科学家推测一定有一种力量让宇宙加速膨胀，科学家把这种力量叫作暗能量。

就像黄河的泥沙量，有人算过，最多三年把渤海填满了。但渤海直到今天也没被填满，肯定有其他因素，这个暗能量就是渤海的地壳一直在下沉。但对古人来说，这是他们无法理解的，因为他们看不到海洋地壳下沉了。

暗能量就像虚数似的。负数不能开平方。但你不开出平方，好多方程解不了。咱们再设一个虚数，让它能开出平方来，很多方程就有解。

这个概念最开始出现在爱因斯坦广义相对论的方程里面，原方程后，加了一个常数 λ。这个常数 λ 是为了让宇宙保持平衡、保持静止，但有几个年轻科学家计算之后，说常数 λ 就不应该存在。

爱因斯坦说，的确不该加这个常数，这是我一生中犯得最大的错误。再后来，发现需要加这个常数。正因为这个常数，才使宇宙加速膨胀。这个常数对应暗能量，整个暗能量让宇宙加速膨胀。而宇宙加速膨胀这件事，哈勃望远镜测出来了。

暗物质和暗能量，相当于我们为了解决一道数学题，加了一个 x、一个 y。我们不知道它是什么，但它有解。我们现在对宇宙的探索，其实还处于初步阶段，还需要我们投入更多的时间和精力。

暗物质：理论上提出的可能存在于宇宙中的一种不可见的物质，它可能是宇宙物质的主要组成部分，但又不属于构成可见天体的任何一种已知的物质。

反物质：正常物质的反状态。当正反物质相遇时，双方就会相互抵消，发生爆炸并产生巨大能量。

暗能量：某种作用于时空结构本身的能量，并且是某种均匀的负压力，会导致时空结构膨胀。

宇宙膨胀的小秘密

宇宙中的天体和神秘的物质，我们已经了解了很多。在宇宙的变化中，宇宙膨胀是一个不能忽视的问题。我们的宇宙，从范围上来说，正在变得越来越大。未来，宇宙会变成什么样？能膨胀到什么程度呢？这些膨胀的小秘密，我们从下面的几个问题中去探索吧！

我们的宇宙在膨胀吗？

假设宇宙是一个无穷无尽，但均匀分布的系统，那么，一定会有星系在逼近我们，有星系在远离我们。但我们发现几乎银河系外的所有星系，都在远离我们。

照这种情况下去，万亿年之后，人类的后代如果还在地球上，抬头一看天上，会发现少了很多星星。目前人类看到的星星，基本都是恒星，而且几乎都是银河系内的恒星。万亿年后，人类的后代再也看不到银河系外的星星，比如说仙女星系、麦哲伦星系等，那时候人类可能会认为银河系就是整个宇宙。

我们看到的星星，基本是银河系里的一个恒星，包括北极星。北极星其实已经换了好几茬，咱们今天看到的北极星，跟汉朝的北极星不一样，它们不是同一颗，但都是银河系里的一颗。

我们观测到银河系外的星云，跟一团雾似的。一个巨大的星系，咱们人肉眼看到的，可能是一个星系里面最亮的几颗恒星。

到了夏天，我们能看到银河系的部分形貌。我们会发现天

空中密集的一片星星就像组成了一个带子一样，这说明你看到了银河系的一个侧面。

宇宙有没有膨胀，我们对比哈勃望远镜的照片就能看得出来。因为我们看到的星星越来越远，它不断在变化，几乎所有的星星都在远离我们。

就像一个操场，操场里面原来聚了一群人，都挤在一起，然后所有人都往外跑。这就意味着所有人都在互相远离，因为你跟所有人之间的距离都在拉大。

并且，离地球越远或者越靠近宇宙边缘，它离开的速度就越快，快到什么程度呢？到了宇宙边缘，空间膨胀的速度比光速还要快！你可能说，不对，不是任何东西都不能超过光速吗？没错，不过空间本身不属于任何物质实体，它是可以超过光速的。

有那么多恒星的宇宙为什么看起来是黑暗的？

仰望星空的时候，我们常常有一个疑惑，恒星有那么多，为什么看起来还是那么黑暗？这是因为，宇宙中没有空气，不能形成光的漫反射和散射。哪儿有光，哪儿就是亮的，光以外的地方全是黑的。光照着的地方以及发光的地方，是你能看见的，泾渭分明。光线会反射，宇宙飞船的反光你就能看见。但是那些不发光的，背景全是漆黑一片。

为什么我们看天是蓝的？因为空气把太阳光散射了。由于空气的存在，整个大气都有了光，所以我们能看见蓝色天空。这是一种解释。

有这样一个推论，宇宙大小如果是恒定的，也就是这么大一个空间，恒星在不断地发光，最终整个宇宙都会被光填满。

但是，宇宙在加速膨胀，光赶不上宇宙最边缘膨胀的速度，所以光永远充满不了宇宙。很多时候，我们只能看到一道光，因为空间本身是超过光速的，而且这是科学家已经计算出来的。

宇宙中有那么多恒星，它们打到地球上也会反光，但是反着反着，宇宙边缘比光跑得快，使得这些光散得越来越弱。宇宙中有那么多的恒星，理论上应该显得更亮，但是宇宙膨胀得太快，边缘离我们太远了，光永远填充不满它。

如果宇宙是封闭的、大小恒定的，那些光线都跑不出去，最终我们都会被照亮。但是它一膨胀，光都散开了，就永远充不满宇宙了。

宇宙大爆炸之前是什么样的？

现在的宇宙，是从一个奇点爆炸开始，然后逐渐形成的。宇宙最终也许会这样：从奇点爆炸，无限膨胀下去，直到热寂死亡。有科学家提出，也可能这样：宇宙最后大到一个程度之后，回缩，再回到奇点。

有人会问，那宇宙大爆炸之前的宇宙是什么样的？这其实是一个伪命题。

为什么这么说？因为在问宇宙大爆炸之前，是一个时间的问题。这样问的话，就意味着在大爆炸之前就已经有了时间。实际上呢，宇宙大爆炸之前并没有时间的概念。只有宇宙大爆炸之后才有时间，才有时空。也就是说，根本就没有宇宙大爆炸之前这种说法。所以，这个问题本身就无法成立。

猜想一下，宇宙大爆炸的上一个事件，可能有一团物质在那里摆着，也可能一切都是安安静静的，只有一片死寂和虚无。宇宙就是在一片虚无中偶然出现的，所谓"无中生有"。

刚才咱们已经提过，宇宙膨胀到一定程度之后，可能它本

问哪边是北？

身的引力发挥了更大的作用，让宇宙又收缩成了奇点。如果宇宙走向热际的话，可能所有物质能量最终就完全耗散掉了，不会再收缩到奇点。但是宇宙如果再回来，就叫重生。

宇宙大爆炸前，宇宙是什么样的？有个很经典的类比，北极点以北是什么？

你站到北极点问，北是哪边，我要往北去。你站在那个位置，无论往哪个方向走，都不会是北方，就等于没有北了。因为只要站在北极点，朝任何一个方向都是向南。

tips

星系：别称宇宙岛，源自希腊语的"γαλαξίας"。星系指无数的恒星系、尘埃组成的运行系统。

恒星：在宇宙中发光和产生能量的天体，通常由氢和氦等元素组成。通过核聚变反应可以将氢转化为氦并释放大量能量。

从宇宙视角看宇宙

　　我们听过第一视角、第二视角、第三视角，甚至上帝视角等，"宇宙视角"这个词，相信很多人都没听过。那么，什么是宇宙视角呢？这个视角有什么特点和优势？接下来，我们就一起来开阔眼界，提升思维，以更高维的视角去观察和欣赏美丽的宇宙吧！

什么叫作"宇宙视角"？

　　宇宙视角，就是一种不受任何情感、立场左右，并且以绝对客观的前沿视角看待这个世界的视角。

　　它可以说是一个更大的视角，如果把企业家们都拉到月球上去开个会，他们或许就有了宇宙视角。他们再回到地球上，看地球上的琐事，会认为这些根本不重要。

就像人经历了生死之后，一切都会看淡的，会发现之前的那些琐事困惑，变得不再重要。宇宙视角下，重要的是人类的共同生存。人类作为一个整体，作为一个共同文明，怎么在宇宙中更好地生活，这是更宏大的视角。

卡尔·萨根，一个著名的物理学家、天文学家，当"旅行者号"飞离太阳系的时候，让"旅行者号"回头拍了一张照片。拍照片的时候还得调整角度，当时 NASA 的科学家都极力反对，说你这样太难了！还得调整角度，还得再传回来，费钱又费劲，这个东西有什么意义呢？

卡尔·萨根却坚持让拍照片，照片上，地球已经是浩瀚星辰里面的一个蓝色小点了。然后，他说了一段非常著名的话：

"我们成功地拍摄了这张照片，当你看它，会看到一个小点。那就是这里，那就是家园，那就是我们。你所爱的每个人，认识的每个人，听说过的每个人，历史上的每个人，都在它上面活过了一生。我们物种历史上的所有欢乐和痛苦，千万种言之凿凿的宗教、意识形态和经济思想，所有狩猎者和采集者，所有英雄和懦夫，所有文明的创造者和毁灭者，所有的皇帝和农夫，所有热恋中的年轻人，所有的父母、满怀希望的孩子、发明者和探索者，所有道德导师，所有腐败的政客，所有'超级明星'，所有'最高领袖'，所有圣徒和罪人都发生在这颗悬浮在太阳光中的尘埃上。"

当你有了宇宙视角，所有的钩心斗角、所有的尔虞我诈、所有的乞丐、所有的皇帝，都在尘土上，都在这个蓝色小点上发生，这就是宇宙视角。

银河系在宇宙中很特殊吗？

银河系是几千亿个星系中的普通一员，目前认为可能比较特殊的一点，就是有我们人类。如果一个人能拥有更大的视野，有更大的见识，那么曾经很执着地追求的那些东西，会变得不再那么重要。因为见过更大的视野，你就很难回到一个更小的视角。人一旦体验过某种东西，他再也回不到体验之前的状态。

中国历史上，蒙古人在进入中原之前，已经接触了世界上的许多文明。也就是说，蒙古人很可能当时就有了所谓的"世界视角"。

所以，我们中国人第一步先有世界视角，第二步有了宇宙视角。站在宇宙视角上，你就更关心环境，更关心人类的可持续发展，更关心人类的整个文明。

当我们有了宇宙视角，就不会追求银河系到底在宇宙中特不特殊。其实，一点也不特殊！一旦视角狭隘，就会认为我们很特殊，我们民族很特殊，我们国家很特殊，这就是站在了别人的对立面。正确的做法应该是，我们只说我们不狭隘，我们要开放，我们一点儿也不特殊，我们跟大家是共同体。

我们这个民族不比别人优越，也不比别人落后，任何民族通过学习都能够进步，都能够改变。有这个视角，才是更大的视角。

银河系的直径有 10 万光年，也就是说，从银河系的这头跑到银河系的那头，光都得跑 10 万年，才能把银河系给穿透。这个范围太大了，距离太远了，当然有可能存在其他的外星人。

反正，银河系外的星系跟银河系差不多，直径至少也有上万、上几十万、上百万光年的。如果你有了宇宙视角之后，真的会开始关注人类的这种自由文明，以及可持续发展。所以，再强调一下，银河系在宇宙中，一点儿也不特殊。

为什么我们看到的太阳系模型都是不太准确的？

太阳系模型大家都见到过，有一个太阳，一个蓝色的地球，还有月亮、火星等。每个星体都在自己的轨道上，围绕在太阳周围。但这样的太阳系模型，比例很不准确。如果把整个银河系同比例缩小，太阳变成一个足球或者篮球这么大，地球应该变成 20 米外的小米粒。整个太阳系会很空旷，太阳在这儿，地球在 20 米外，200 米、2 000 米外还有其他的行星，这就是太阳系。

地球是离太阳很近的一颗行星，在它前面只有两颗星，水星和金星，地球排第三，同比例缩小后，已经在 20 米外了，更不要说更远的那几个星体了。同比例缩小之后，如果你能飞出太阳系外，看一下太阳系，就会发现，太阳变成了一个篮球，然后是 3 个小米粒，4 个乒乓球，木星就像大乒乓球，非常神奇。

那么，为什么太阳系模型会变成现在的样子呢？因为如果把太阳系做成原比例的模型，教科书的一页上都不够画。所以，我们现在看到的太阳系模型，只是比较粗糙地帮助我们理解这个概念。

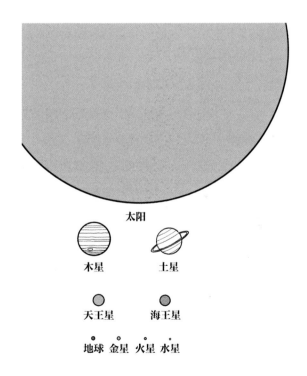

太阳

木星　　　土星

天王星　　海王星

地球　金星　火星　水星

当然，地球不是一个绝对的圆，说它是椭圆，一点问题都没有。包括地月轨道，也是椭圆。但是按比例缩小之后，地球轨道不应该是一个明显的椭圆，而应该是非常圆的。事实上，它也确实比我们人画的所有圆都圆，甚至接近完美的圆。

在物理学上，为了让人更好地理解一样东西，夸张、对比是常用的方法。甚至在某些时候，夸张是有必要的。所以，太阳系模型不准确，也是情有可原的。

我们能离开自己的宇宙吗？

走到宇宙以外的话，我们所知道的各种物理学规律会不会全部失效？我们所在的宇宙空间，所有可见的物理学现象，基本上除黑洞之外，物理规律还是有效的。

宇宙以外，这些物理规律还是不是有效，甚至1+1是不是还等于2，那就不一定了。宇宙之外，可能就是别人画中的二维世界，是更高生命下的一个二维世界，或者是计算机模型，甚至就是一串代码。

过去，我们觉得大海是没有边界的，人如果离开陆地过远，就会被妖魔鬼怪吞噬。因为人们认为大海到了边缘就会往下沉，船就掉下去了。但还有一批勇士敢于扬帆起航，抱着慷慨赴死的精神去探索，于是就有了大航海时代，有了我们地球现在的大同。

我们都知道地球是什么样了，宇宙也是一样。地球是我们的第一个家，宇宙可能也是我们的第一个家。现在人基本上把地球探索了，地表都探索了，下一步就要走出地球，探索宇宙。

这么说，人一旦走出探索这个步骤，用不了很多年，就能填满整个宇宙，跟智人填满地球没用多少年一样。你看人类进入美洲，很快就扩展到美洲的每一个角落，推进步骤非常快。

过去我们在原始阶段，这个村、城邦是我们的，再往外探索，是一个很漫长的过程……但你看到一两百年前，地球每一片土地我们都探索过，说明我们人类的探索速度在不断加快。下一步，如果把地球比喻成某个部落最开始的一小块地盘，那么现在往下走，也许我们会遇到跟我们一样探索的外星人。

那些有勇气走出去扩张，最后成功的部落，常常会获得发展和繁荣；而那些享受自己一方乐土的部落，最后往往会被消灭。所以你不去探索也不行，你需要去探索，你不能等死，必须得走出去。

通过人类演化，你能看出，不走探索宇宙这一步，将来外星人会打上门，你无力抵抗。换句话说，你不能够躺平，躺平就是沉寂。你要追求有序，抵抗宇宙的无序。因为地球的生命是有限的，资源也是有限的。你要么出去，要么死在地球上，出去还有可能延续更多的文明。

银河系：太阳系所在的棒旋恒星系统，该星系包括 1 500 亿～4 000 亿颗恒星和大量的星团、星云，还有各种类型的星际气体、星际尘埃和黑洞。它的可见总质量是太阳质量的 2 100 亿倍，直径介于 10 万光年至 18 万光年间。

太阳系：一个受太阳引力约束的天体系统，包括太阳、行星及其卫星、矮行星、小行星、彗星和行星际物质，太阳系处于距银河系中心 2.4 万～2.7 万光年的位置。

探索宇宙，开发大脑

　　神秘的宇宙，大家都想去探索，登登月球，逛逛火星，在不久的将来，这一切也许都能梦想成真。当然，探索宇宙的过程，也是循序渐进的。古代人对宇宙的探索，仅仅通过肉眼去观察，用触觉去感受，总结出一些简单的规律。随着各种工具的出现和升级，人们对宇宙的探索越来越深入，了解得也越来越多。接下来，咱们就一起来看看，在探索宇宙的过程中，发生过哪些有趣的事情吧！

古代人如何知道地球是圆的？

　　中国古代，讲究天圆地方。最先知道地球是圆的，是西方国家。他们通过月食，知道地球是圆的。他们看到地球在月亮上的投影，有时是弯曲的，有时是圆的。由此，他们推算出，地球是圆的。

再有，古代的航海民族，已经意识到，随着船只的航行，他们会消失在地平线以下，而不是在海洋的尽头掉下去。那些居住在古希腊、罗马、埃及的人，很早就有"地球是圆的"这种概念。主要是因为他们的贸易、航海非常发达，能通过航行观测到。

不知道大家注意过没有，你永远无法从大洋的这一岸，看到大洋的彼岸，因为你看到的光线是走直线的。海洋中的一艘船，你看着它越走越远，越来越小。忽然之间，整个船像消失了一样，一下就看不见了。它不是无限地变小，而是像从大海的边缘掉下去了一样。

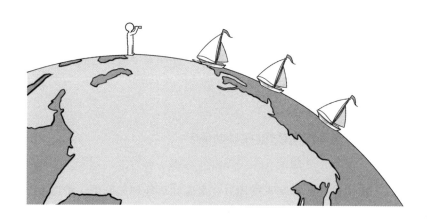

正在航海的人，大多会认为自己在走直线，因为大海给人的感觉就像镜子一样平。其实，以一个更高的视角去看，我们就会发现，船的航线是弯的，它走的就是弧形，因为船要沿着地球表面走。既然地球是圆的，那么海面也是弯的。

麦哲伦率队完成环球航行，第一次真正证明了地球是圆的。相较于月食现象和地平面上的现象做出的猜测，麦哲伦的这个环球航行才是实实在在的证明。所以说，麦哲伦航海是一个标志性的事件。

从探索宇宙的角度来说，人类不断探索地球是不是圆的，其实就是探索的第一步。大航海时代，是一个很勇敢的时代。这就像一个人探索自己的一生，先要了解自己，才能去探索外界环境。

无法观测到的系外行星是怎么被发现的？

20 世纪 90 年代，马约尔和奎罗兹发现了第一颗系外行星"飞马座 51b"。在那之后，科学家们通过专门的开普勒太空望远镜，已经发现了超过 4 000 颗系外行星。

怎么描述这些系外行星呢？如果把它们自己的恒星比作一个一个的太阳，想象一下，地球作为太阳的行星，跟太阳比起来都像个小不点儿，那么这些系外行星，感觉就像尘埃一样了。基本上就看不见了，而且它一点儿不发光。

每一个星星周围，可能都有一些小行星在围着它转，或者

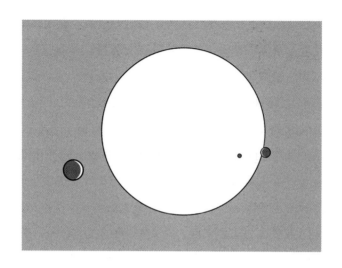

说，有一些"小灰尘"在围着它转。这些灰尘虽然小，也还是可以通过一些方法去发现它们的。

比如说，"小灰尘"恰好转到星星前面，挡住了一丁点儿光线，望远镜正好照到了，发现亮度比之前减弱了一点点。通过这个现象，可以判断出有行星、有几颗行星。

行星的质量也可以通过行星绕恒星的旋转特点来判断。行星会不断地移动，通过这个微弱的光线，可以算出它的轨道、公转周期。轨道知道了，恒星质量知道了，它的质量就能用牛顿力学大概算出来了。

还有一种情况是，行星在围绕恒星公转的同时，恒星和行星也会围绕它们的公共质心转，一旦公共质心和恒星质心有偏移，就证明有行星在恒星周围。

怎么发现这种情况呢？就是看到的恒星就像在摆动、在扭一样。恒星为什么会这样？因为它的周围有行星，两者相互作用，就出现这种情况。

这就像有一个人在远处玩呼啦圈，由于距离太远，你看不到呼啦圈，但你能看到他在扭。他为什么要扭？因为有呼啦圈他才扭。同样的道理，虽然我们看不到恒星周围的行星，但恒星之所以扭，就是因为有行星的存在，两者发生了相互作用。

如果外星人给地球发信号，哪个国家会最先接收到？

我相信很多人都想过这样一个问题，如果外星人给地球发信号，哪个国家会最先接收到这个信号？答案很简单，就是中国。因为中国有世界上最大的射电望远镜——FAST，也就是我们说的"天眼"。它修建在贵州喀斯特洼地，外形像环形山似的。把山的大口子修成一个望远镜，是不是挺厉害，也挺有创意的？

外太空真有外星人发射信号的话，无论多么微弱，我们的"天眼"基本上都能接收到。

如果射电望远镜捕捉到的是有规律性的重复的信号，而且这个信号很像人类的各种编码，它不是自然诞生的，就很有可能是外星人发出的。

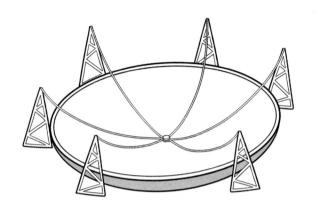

　　"天眼"的出现，让很多人产生了一种担忧。万一外星人有更高度的文明，他们发现地球人的位置之后，过来把地球人灭掉了怎么办？这个疑惑，很多物理学家也都有过，甚至觉得这是在捅娄子，所以反对中国建造和使用"天眼"。

　　实际上，"天眼"以被动接收信号为主，只检测别人给我们的信号，不会主动给外太空发射信号。即便发射，也只是人类目前在用的一些信号，比如电视、电话信号之类，其实早已经以辐射波的形式传到宇宙之外了。

　　当年，美国发射先驱者10号飞行器，把地球上的音乐录成唱片，还介绍了地球的方位、形态，甚至把地球人的男女形象都画在铝板上。如果我们的信息有所泄露，那早就泄露了。

　　而且，现在看来，这种做法还挺愚蠢的。毕竟，外星人究竟以什么形态存在，我们不得而知。他们可能跟我们想象的完全不一样。它们是不是有肉体？它们是不是像咱们一样有语言？这都不好说，说不定外星人是以电磁波的形式存在的呢。

从这个角度来说，探索宇宙其实是一个拯救人类的方式，不仅能够提高我们的认知维度，还会拓展我们的视野空间，升级我们的文明。

看看我们的文明是地球文明，还是宇宙文明？我们是属于地球的一部分，还是属于太阳系的一部分，或者是属于银河系的一部分，抑或是属于整个宇宙的一部分？

每个人的生存维度、思想、认知等，是完全不一样的。比如，《三体》的作者刘慈欣认为，自己没有对地球上某一个地方产生的"故乡"的情感，那些只是自己生活过的地方。当有一天自己坐上一艘飞船离开地球，回望地球的时候，自己肯定会对地球产生故乡的情感。

刘慈欣关注的，不是自己小小的家乡，他是把整个地球，甚至整个太阳系当成了自己的家。它对整个太阳系和地球都是有依恋的，他的境界是超出一般人的，所以他才能写出那么厉害的《三体》。

tips

系外行星：泛指在太阳系以外的行星。历史上，天文学家一般相信在太阳系以外存在其他行星，然而它们的普遍程度和性质则是一个谜。直至 20 世纪 90 年代，人类才首次确认系外行星的存在，而自 2002 年起，每年都能新发现 20 个以上的系外行星。现在，估计不少于 10% 的类似太阳的恒星都有自己的行星。

多姿多彩的宇宙生活

关于神秘的宇宙，大家已经有了很多的了解。除了认识宇宙、探索宇宙，我们还要在宇宙中好好地生活。如果有一天，地球的环境不再适合人类生存，那我们怎么办？宇宙中还有适合人类生存的星球吗？这样的问题，相信困扰着很多人。或许我们暂时不用去考虑，但对宇宙的探索不该停止，对美好生活的追求不能止步。接下来，咱们就一起走进宇宙生活，去看看神秘的宇宙还能给我们带来哪些惊喜吧！

地球之外，哪里是人类未来的家？

眼下，有很多人都在坚持探索外太空，期待给人类找到新的家园。比如亚马逊公司的贝索斯和特斯拉的马斯克。他们都在努力，但目标有所不同。

贝索斯想围绕地球建太空城，首先是想在月球上建立一个基地，获取一些物料、燃料、资源，然后慢慢地在太空中把太空城建起来。

可从实操上来说，太空城的建立，甚至比登陆火星的难度还要高。因为，尽管月球比火星离得近，但它上面没有原材料。想要建立城市，必然要运非常多的东西上去。尤其是没有水和空气，这是最大的问题。

当然，这个想法也有好处。那就是月球离地球近，一旦地球毁灭，人们想逃离地球到安全的地方会相对简单一些。

马斯克想要移民火星，可能还要从火星飞向其他的恒星系。

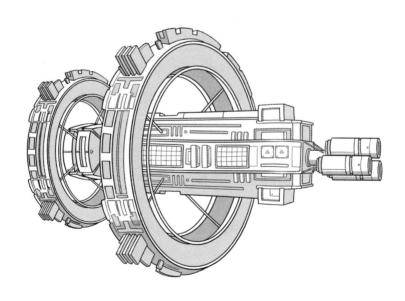

按照他的计划，在 2050 年之前，要让火星上生存 100 万人。乍看起来，这个计划好像很难实现。但是，马斯克的想法厉害在哪儿？厉害在他发现了其中最大的瓶颈。瓶颈是什么？就是制造火箭的成本太高了，没几个人能承受这么高昂的费用。于是，他先研发出可回收火箭，一下就把成本拉下来了。

而且，按照马斯克的设想，他只需用飞船把人送到火星上，之后，人类可以直接就地取材。火星上有甲烷，有水，合成氧气就行了。至于房子之类的，都可以慢慢建立。

从中做个分析的话，就不难发现，这两个方法其实各有优劣。我想让大家知道的，也不仅是离开地球的方式，更加希望大家拥有这种探索的精神，探索自己，探索未知。

如何改造火星，让它适宜人类生存？

人类移居火星，这是马斯克的长远梦想。他研究甲烷发动机，就是希望去火星可以少带一半的燃料。如果使用液氧、液氢发动机，到火星之后是无法补充燃料的。但是用甲烷，就可以就地取材。

火星上有冰，把它融化之后，就能得到水。应该怎么做呢？马斯克想了一招，往火星的南北极投掷氢弹。氢弹一炸，把那些冰炸开融化，水就有了，甚至能形成河流。

改造火星，还有很重要的一点，就是让它有大气层。前面说过，火星上可以合成氧气。但要它留存下来，就需要一定的地心引力。

火星的引力场跟地球比较接近，是地球的 1/3 ~ 2/3 的样子。这种程度的差别，人适应起来还是比较快的，在火星上生存问题不大。

至于火星的温度，最高的时候，白天能达到 20 摄氏度，比如赤道附近。最低的时候，可能有零下上百摄氏度，尤其是南北极，平均温度非常低。赤道附近呢，不会冷到那个程度，最低估计零下几十摄氏度。

实际上，火星的赤道附近完全可以满足人类的生存需要。主要问题是大气太过稀薄，氧含量没有那么高。在火星上，人不穿防护服，直接呼吸的话，很可能会因为氧气不足而窒息。

所以说，对火星的改造，应该是全方位的，只有把每一项工作都做好，它才能成为适合人居住的星球。

能让机器人代替人类去探索太空吗？

现在，科技发达，我们可以制造各种各样的机器人，帮助我们在各个领域做一些替代性的工作。探索太空，当然也可以让机器人代替人类去做一些事情。

在探索火星的过程中，已经有"机遇号""勇气号"等机器人参与其中。它们上去之后，刚开始可能要挖地洞，在地下生存，这样可以阻挡宇宙射线。人类在地球上出现时，也是住在山洞里。

下一步，要解决吃饭的问题。在火星的环境中，庄稼基本上是能种的，可以再带一些动物去。什么鸡鸭兔子之类的，只要有氧气和食物，很容易养活它们。

这就又回到了氧气的问题上。目前，火星空气中的氧气含量严重不足，不能直接呼吸。如果能拿个氧气喷雾机，直接往空气中喷，它可以把二氧化碳直接分离，直接转化成氧气，可能会好一点。但是这个改造估计需要非常大的投资，因为火星虽然比地球小一些，但个头还是很大的，要把它整个大气都改掉，那得需要投入很大一笔钱。

有人可能会说，火星的大气里主要都是二氧化碳，植物是吸收二氧化碳的，可以直接利用二氧化碳，让植物进行光合作用，这样就可以产生氧气。这个想法很好，但是忽略了几个关键。

首先，火星的温度不够，不适合种子生长。

其次，地球上光合作用的主力根本就不是各种树木、植物，而是海洋里的藻类。地球上90%以上的氧气，并不是来自森林，而是来自海洋。

总之，让机器人代替我们去探索宇宙会安全方便很多。

我们可以先把地球的演化搞清楚，然后尽可能模拟它，这就叫地球化改造。甚至有可能，火星能吸引一个小行星，乃至于发生碰撞，这种碰撞可能会产生一些原始的海洋、原始的火山喷发等，从一个侧面加快类似地球的演化进程，让它在火星上重现。

让机器人先上去做改造，它们不怕没有空气，不怕气压大，也不怕辐射。什么都不怕，不用穿防护服，直接就可以代替人类去探索。等它们改造得差不多了，人类就可以上去了。

宇宙中的文明等级是什么样的？

人类社会的文明发展，经历了很多的阶段，有不同程度的文明成果和体现。宇宙中的文明，也有不同的层次，科学家按照文明对能量的利用的能力，把文明分为三级：

一级文明，能利用投向行星的所有阳光，都能收集起来。

二级文明，是利用其恒星产生的所有能量，即太阳所有的能量。如果人类进化到二级，把太阳给罩起来了，罩起来之后，把太阳的所有能量都给收集起来了。

三级文明更厉害了，整个银河系的能量都为人类所用。银河系的所有的光、能量都跑不出去，都被人类利用了，这就是三级文明了。

而人类目前连一级文明都达不到，只有 0.7 级左右。因为一级文明，能够利用太阳光投射到地球上的能量，所有能量都可以利用到。但是明显，很多太阳光都被浪费掉了。

过去，很大概率，在整个宇宙当中有过二级、三级的文明。比如火星就很明显，有一些河流，有一些山谷，因为有河流冲刷的痕迹。

至于它为什么消失，有很多猜测，有可能说上面的文明发生了核战争，直接把河流什么的全部蒸发了，然后生命就没了。

有人会说，派个机器人上去探索一下，就能看出生命痕迹。这很难。已经过了多少万年，一些痕迹是很难留下的，也许只能在留下的河谷里，看到一些河流冲刷的痕迹。至于古生物之类的，目前还没有探索到。一旦探索到古生物或者什么遗迹，那就厉害了。

甚至有人在设想，人类会不会是火星人的后代？从宇宙文明的发展来说，这确实有可能。火星上不适宜生存了，就有一部分火星人跑到地球上。因为科技降维，他们忘掉了过去的经历，重新研发了一堆科技。

也有可能，假如某一天地球爆发核战，就剩那么几千几百人，大家还可以到山洞里面，慢慢经历石器时代、青铜时代、封建时代，重新发展起来。

宇宙会思考吗？

宇宙如此神秘，它究竟是个什么样的构成和结构呢？这个问题，暂时还没有人能够回答。也许，它就像人类的大脑一样，是一个会思考的系统。

如果看过哈勃望远镜拍摄的那些星系的照片，就会发现，一个一个的星系，就像人类大脑的神经元一样。人类大脑神经元，也是一点一点地相连接，神经元细胞就是那个样子。所以，整个宇宙，有可能是某个生命的大脑。

宇宙很大，它是由一个个粒子组成的。我们身体里的每一个粒子、每一份能量也都来自宇宙，最终也会归还给宇宙。这么说来，是宇宙把我们人类"创造"了出来，人类是宇宙的一部分。那么，我们的思考和探索是不是也代表了宇宙本身的思考和探索呢？

我们人类在探索宇宙的奥秘时，其实是宇宙的某一部分在探索自身，我们所取得的科技的、人文的等一切成就，都是宇宙自己在思考、反思的过程中获得的一点点成果。

作为宇宙的一部分，我们可能永远无法知道宇宙的全貌、宇宙的真相到底是什么。想要探索宇宙的全貌和真相，可能需要我们人类成为宇宙本身。

但很可惜，人类很可能是一个短命的物种。十万年前，人类走出非洲；建立起今天的文明，只不过短短几千年时间。但历史上，宇宙已经让人类的许多远古文明一个个毁灭，它很可能也会让现代的人类文明在未来毁灭，这或许是宇宙在现阶段的思考……所以，我们人类更应该珍惜当下，好好生活。

tips

神经元：神经系统的基本结构和功能单位。形状像分权众多的树枝，上面散布许多枝状突起。